园林景观设计中数字化与标准化研究

陈　栋◎著

吉林科学技术出版社

图书在版编目（CIP）数据

园林景观设计中数字化与标准化研究 / 陈栋著. --
长春 : 吉林科学技术出版社, 2023.3
ISBN 978-7-5744-0274-4

Ⅰ. ①园… Ⅱ. ①陈… Ⅲ. ①数字技术—应用—园林设计—景观设计②园林设计—景观设计—设计标准—中国 Ⅳ. ①TU986.2

中国国家版本馆CIP数据核字(2023)第065279号

园林景观设计中数字化与标准化研究

作　　者　陈　栋
出 版 人　宛　霞
责任编辑　李　超
幅面尺寸　185mm×260mm
开　　本　16
字　　数　262千字
印　　张　11.75
版　　次　2023年3月第1版
印　　次　2023年3月第1次印刷

出　　版　吉林科学技术出版社
发　　行　吉林科学技术出版社
地　　址　长春市净月区福祉大路5788号
邮　　编　130118
发行部电话/传真　0431-81629529　81629530　81629531
81629532　81629533　81629534
储运部电话　0431-86059116
编辑部电话　0431-81629518
印　　刷　北京四海锦诚印刷技术有限公司

书　　号　ISBN 978-7-5744-0274-4
定　　价　70.00元

前　言

随着人民生活水平的提高，对于自然生态环境的保护，城市文化品质的提升、旅游观光业的发展，创建国家级绿化城市的要求日益提高，全国城乡各地的园林景观设计施工项目日益增多，人们对环境视觉景观设计也日益重视起来。在园林景观设计中，数字化与标准化是非常重要的两个部分。

基于此，本书以“园林景观设计中数字化与标准化研究”为选题，在内容编排上共设置六章：第一章是园林景观数字化与标准化概述，内容涵盖园林景观数字化与标准化的内涵、园林景观数字化与标准化的价值、园林景观数字化设计的操作流程；第二章研究园林景观标准化体系，内容包括园林景观标准化体系现状、园林景观标准化体系运行、新型园林景观标准体系框架的构建；第三章对园林景观基础信息数据库构建、园林景观二维空间信息数据库设计、园林景观三维空间信息数据库设计进行全面分析；第四章探讨数字化园林景观设计、园林景观空间数据库应用与推广，围绕数字化设计平台搭建与开发、数字化园林景观设计逻辑与基础、数字化园林景观设计立地环境分析、数字化园林景观方案设计及其表现展开探究；第五章分析标准化园林景观设计，主要论述小游园景观与庭院景观设计、道路绿地与停车场景观设计、广场景观与居住区景观设计、酒店环境与屋顶花园景观设计；第六章基于园林景观设计中的创新技术应用视角，探讨 GIS 在园林景观设计中的应用、VR 技术在园林景观设计中的应用、AR 技术在园林景观设计中的应用。

全书秉承新颖的理念，内容丰富翔实，结构逻辑清晰，观点新颖，客观实用，从园林景观数字化与标准化的内涵进行引入，系统地对园林景观设计中数字化与标准化进行解读。另外，本书注重理论与实践的紧密结合，对园林景观设计具有一定的参考价值。

本书的撰写得到了许多专家、学者的帮助和指导，在此表示诚挚的谢意！由于笔者水平有限，加之时间仓促，书中所涉及的内容难免有疏漏与不够严谨之处，希望各位读者多提宝贵意见，以待进一步修改，使之更加完善。

社陈栋

2022 年 8 月

目　录

第一章　园林景观数字化与标准化概述

第一节　园林景观数字化与标准化的内涵

景观（Landscape）一词原指“风景”“景致”，最早可追溯到公元前的《圣经·旧约》，用以描述所罗门皇城耶路撒冷壮丽的景色。17 世纪，随着欧洲自然风景绘画的繁荣，景观成为专门的绘画术语，专指陆地风景画。在现代，景观的概念更加宽泛，加入了园林的广义范畴。地理学家把它看成一个科学名词，定义为一种地表景象；生态学家把它定义为生态系统或生态系统的系统；旅游学家把它作为一种资源来研究；艺术家把它看成表现与再现的对象；建筑师把它看成建筑物的配景或背景；园林景观开发商则把它看成是城市的街景立面、园林中的绿化、小品和喷泉叠水等。因而一个更广泛而全面的定义是，园林景观是人类环境中一切视觉事物的总称，它可以是自然的，也可以是人为的。

园林景观是一门“相互关系的艺术”。也就是说，视觉事物之间的构成的空间关系是一种园林景观艺术。比如，一座建筑是建筑，两座建筑则是景观，它们之间的“相互关系”是一种和谐、秩序之美。园林景观作为人类视觉审美对象的定义，一直延续到现在，但定义背后的内涵和人们的审美态度则有了一些变化。从最早的“城市景色、风景”到“对理想居住环境的图绘”，再到“注重内在人的生活体验”。现在，我们把园林景观作为生态系统来研究，研究人与人、人与自然之间的关系。因此，园林景观既是自然景观，也是文化景观和生态景观。

一、园林景观数字化的内涵

“在设计工作实践中，人们需要对设计效果的可预见性，需要大量的表现图和信息化的资料来表达园林景观设计的意图，希望在未建成之前，就能看到其设计效果，及时地根据功能需要、艺术要求、环境条件等因素进行修改，以便于领导或甲方对设计的方案提出建议和决策。随着数字化技术的飞速发展，计算机技术日益更新，给园林景观设计意图的表现，提供了一个能随时修改和展示空间。将数字化技术应用于园林景观的设计，可以很好地解决以前图纸修改困难，表达不直观，而到建成后又留下不少遗憾的难题。”①

园林景观的数字化指的是使用数字化技术将园林景观的平面与立体信息，图像与符号信息、声音与颜色信息、文字与语义信息等，表示成数字量，并方便地存储、再现和利用的技术。

二、园林景观标准化的内涵

（一）标准和标准化的概念

标准是衡量事物的准则。如，取舍标准。引申为榜样、规范。标准是为人们的劳动过程建立最佳秩序，提供共同语言和相互了解的依据。它能为人们的活动确定必须达到的目标，使人们的活动不断地合理化并赋予科学依据。

标准化的主要作用在于为了其预期目的改进产品、过程和服务的适用性，防止贸易壁垒，并促进技术合作。

标准化主要是制定标准、实施标准和标准信息反馈的过程。这个过程是一个不断循环、螺旋上升的过程，每完成一个循环，标准的水平就提高一步。标准化作为一门科学就是研究标准化过程中的规律和方法。标准化作为一项工作，就是根据客观情况的变化不断地促进标准化过程这一循环的进行和发展。

标准化是社会生产发展的产物，同时又推动了社会生产的发展。随着科学技术的进步，生产的社会化程度越来越高，生产规模越来越大，分工越来越细，生产协作也越来越广泛。这种现代的社会生产必定要以技术上的高度统一与广泛协调为前提，而标准恰是实现这种统一与协调的手段。标准为管理提供了目标和依据，标准化是实行科学管理和现代化管理的手段。标准化是高效率、高标准、高质量生产以及机械化、自动化的现代生产的必要条件。

随着全球贸易一体化的快速发展，特别是技术性贸易壁垒作用的不断加强，标准化工作受到了国际社会的广泛关注。标准化是组织现代化生产的重要手段，是科学管理的重要组成部分，也是专业化和协作生产的前提，同时标准化对于改善人类生活、保证安全、造

① 曹有新：《园林景观设计数字化技术的应用》，载《福建建筑》2001年4期，第27页。

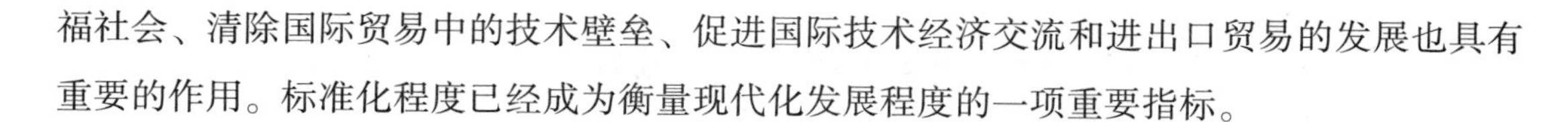

福社会、清除国际贸易中的技术壁垒、促进国际技术经济交流和进出口贸易的发展也具有重要的作用。标准化程度已经成为衡量现代化发展程度的一项重要指标。

（二）园林景观标准化的概念

园林景观标准化是将在园林景观绿化行业经济、技术、科学及管理等社会实践中可行的、重复使用的技术和概念，通过制定、发布和实施标准的形式，达到统一，并在生产中巩固下来，加以全面推广，起到组织生产、指导生产、提高生产率的作用。

园林景观标准化主要内容包括：园林规划设计、建设施工、设施设备、材料产品、管理养护以及绿化信息系统等方面的技术标准，以及标准之间的配合要求，园林景观系统与其他相关系统的配合要求。

第二节　园林景观数字化与标准化的价值

一、园林景观数字化的价值

（一）便于对国家重要文化资源的保存与利用

一方面，把园林景观各种规划设计的图纸进行数字化，然后分专题、分层次建立相应的数据库，便于园林景观部门对设计方案的保存，同时便于工作人员的查询和检索；把年代已久、濒临破损的园林景观规划设计旧图纸数字化，有取代原件的作用，从而防止国家重要文化遗产的流失；把各种园林景观的照片进行扫描而数字化，可以避免因照片时间过久而发黄、模糊导致园林景观失真的问题。

另一方面，风景的保护与无节制的开发一直是环境和旅游部门难以解决的难题，网络时代的到来，数字化技术和虚拟现实技术的发展，为解决这一问题提供了新的途径和可能。采用虚拟现实技术和三维仿真平台对濒临危险的园林自然景观和文化景观进行数字化，能够实施数字化保存、重现和修复，利用虚拟现实、图像处理与人工智能等技术实现园林景观的虚拟展示，极大地提高和改善了园林景观保护的效率与效果，同时，将园林自然景观和文化景观的展示、保护提高到一个崭新的阶段。

（二）便于用户对园林景观实景的游览和欣赏

根据实景对国家的园林景观进行三维仿真模拟，制成网页，链接到各相关网站，用户只须点击网址，便可全方位、多层面地在线游览园内各景点，让整个景观尽收眼底。从而为公众提供了身临其境的交互式访问平台，不出家门便可领略到泰山的雄伟磅礴、桂林山水的如诗如画以及九寨沟的俊秀瑰丽，置身于秦始皇兵马俑的阵列中，仔细观赏、甚至描摹敦煌莫高窟的精美壁画，重现阿房宫的雄伟气势。

（三）便于园林部门对园林景观的管理

园林部门通过数字化的园林景观，即它的虚拟表现形式，能够比较容易地探究和管理园林景观的大量信息，研究与建立全国风景名胜区和公园、动物园、游乐园、植物园等信息资料管理系统和安全监测系统等。

一方面，根据这些信息对园林景观的旅游活动进行适当的管理，可以降低风景区游客数量过多的压力。

另一方面，可以建立城市园林和风景名胜区规划布局的调查管理系统，运用遥感遥测技术，通过航空照片和卫星图片的分析做资源调查和分析评价；根据植物园信息建立生物多样性研究信息中心。从而可对园林景观及其相关信息实现数字化管理，提高了国家园林部门对园林景观管理的效率，扩大了园林景观管理的范围，提高了园林景观管理的统一性。

（四）提供借鉴和资源共享

首先，通过把已建设的不同类型的风景名胜区、森林公园、自然保护区、城市公园、植物园、动物园、小游园、专用绿地、城市道路广场绿化、主题公园、主题景区景点、国际与国内园林园艺景观展示及部分欧美园林景观规划设计实际项目案例上传至网络，可以使园林专业的学生及园林系统的各部门从一些优秀的园林规划设计中得到借鉴和启发，相互学习，取长补短，从而创造出更新、更富有特色的园林景观规划作品。

其次，通过计算机技术来整合大范围内的园林景观自然和文化资源，利用虚拟技术更加全面、生动、逼真地展示园林景观，从而使园林自然景观和文化景观脱离地域限制，实现资源共享，真正成为全人类可以“拥有”的文化遗产。

（五）开发旅游业，提高旅游活动的质量

园林景观的数字化将促进旅游业的发展，并且能激发旅游发展的新机遇。

一方面，它能继续推动传统意义上的旅游业的信息化，数字化保护建立了虚拟旅游世界，创造一种更方便、舒适、低廉的旅游模式，也从根本上减少旅游对古老遗产的影响。

另一方面，在数字化信息网络技术的基础上，全面开发旅游文化资源，建立虚拟旅游世界，彻底改变旅游服务模式，其具有低成本的可重复性、环境效益好的优点，游客可充分发挥其自主性和选择性，又有刺激性，并且可以从根本上提高旅游活动质量，从而实现文化遗产旅游可持续发展的新方向。因为新型旅游业的基本特征是：现实旅游依赖于虚拟旅游，虚拟旅游依赖于文化意义链接。在这个虚拟旅游空间中，游客将旅游的对象物以及旅游活动本身与历史事件、文化观念联系了起来，形成对于旅游对象物的意义理解。这样的“旅游活动”也与当代“素质教育”的基本主题有内在的联系，它不仅提高了现代人的文化素养，还有助于人们形成现代文化眼光，从而对现代人的精神世界产生影响。

（六）扩大我国风景区自然文化资源的推广和宣传

用数字化技术能够推动风景区自然文化资源的展示、推广与传播。园林景观的数字化是促进风景名胜区自然文化资源进行国际交流、提高国际声誉的重要手段。传统意义上的大众媒体，如：报纸、广播、电视、书籍、画册、明信片、VCD，以及依据文博资源的实物而制作的工艺品、纪念品等，已经不足以充分展示和宣传风景区的自然与文化资源。而数字风景能够以新的魅力、新的手法将风景区的自然资源和文化资源展现在世人面前。同时，这些数字产品又能作为国际交流的工具，进行广泛的国际交流与传播，提高我国风景名胜的国际地位。网络作为新的传播手段，为我国文化遗产在不影响园林景观原状的情况下在全世界范围内得以迅速传播和不断弘扬提供了潜能。

（七）便于进行自然科学研究、考察和科普教育

园林景观自然与文化遗产，尤其是自然遗产（包括地质遗迹），主要分布在山区，往往集地质地貌、动植物、奇异景观等资源于一体，具有极高的科研和观赏价值。园林景观的数字化及其数字产品例如稀有植物、罕见的岩石景观的数字资源，更加便于人们进行自然科学研究、考察和科普教育。

（八）帮助传播世界遗产的文化内涵

园林景观具有丰富的文化资源，园林景观的数字景观可以帮助传播世界遗产的文化内涵。世界遗产的重要功能之一就是文化教育，数字化可以助其一臂之力。互联网可以使不同国家和种族的人们得到更加充分的教育和文化交流：中国观众可以通过电脑得到希腊和罗马高清晰度的风景图片，而远在千里之外的外国游客也可以尽览中国兵马俑和万里长城的风采。

二、园林景观标准化的价值

“近年来，伴着人们物质生活水平的极大提高，随之对人居生活娱乐休闲环境的质量要求也更为提升，大量绿化设计新建、扩建、改建项目不断涌现，无形中加快了风景园林行业的快速发展。”① 标准化模式在景观设计中的应用加快了项目开发进度、减少了各项资源浪费、降低了开发成本、增加了利润，从而增强了企业的市场竞争力。与此同时，也产生了重要的社会价值。园林景观标准化的价值主要体现在以下方面：

（一）大幅提高设计工作效率

园林景观设计一般包括概念设计、方案设计、施工图三个阶段。房地产企业在景观设计中的概念设计、方案设计、施工图阶段，每个阶段设计工作完成后必须经过一系列的审批流程确定后才可以进行下一个阶段的工作。在一些房地产企业，设计审批流程所耗的时间相当多。

在实行标准模式后，设计师运用设计模块来进行设计，在方案设计阶段会充分考虑选用哪些对应的固定设计模块，在方案设计完成之后，企业设计部门的管理人员根据方案的设计和标准模块来评价景观设计成果。标准设计模式的运用使景观设计阶段的工作成果不仅仅是图纸，还更具备有可视性，管理者可以更容易地想象景观的最终成果，可以做到既把握全局又着眼于各个细节，从而加速了管理部门对景观方案设计阶段成果的审核速度。

（二）有利于把控景观设计效果

景观设计不仅要着眼于眼前的设计工作，也要充分考虑到后续的施工过程。标准化设

① 李屹楠、聂娟娟、朱彦：《园林景观标准化施工及安全管理应用探究——以合肥市南二环路蠡街公园为例》，载《广东蚕业》2020 年 54 期，第 45 页。

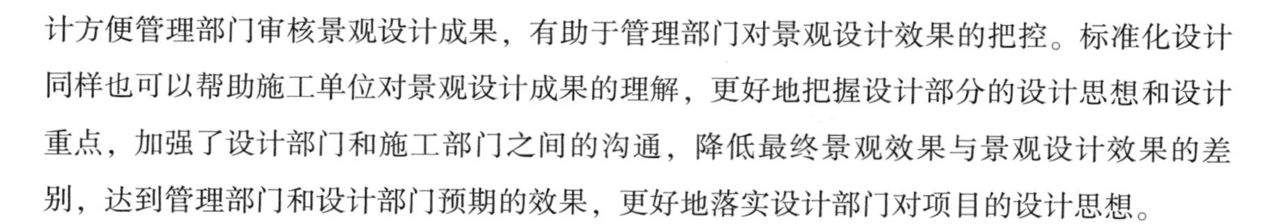

计方便管理部门审核景观设计成果，有助于管理部门对景观设计效果的把控。标准化设计同样也可以帮助施工单位对景观设计成果的理解，更好地把握设计部分的设计思想和设计重点，加强了设计部门和施工部门之间的沟通，降低最终景观效果与景观设计效果的差别，达到管理部门和设计部门预期的效果，更好地落实设计部门对项目的设计思想。

（三）有效降低景观营造成本

房地产企业管理部门进行成本控制最好的阶段是方案设计阶段。通过对多个项目的比对研究可知，在方案设计阶段会对成本造成7.5%左右的影响。在设计阶段运用标准化设计，可为成本预算提供极大的方便，在这个阶段进行有效的降低成本措施，可以在一定程度上降低成本，而降低成本也是景观标准化设计的主要目的之一。

（四）保证景观设计成果质量

标准化设计不仅能提高设计、审批与施工的效率，更有助于保证设计成果的质量。在方案设计阶段，可以使设计师把更多的精力和时间放在设计重点区域和解决主要矛盾，而不是把主要精力放在整个设计工作中，从而在一些细枝末节中花费过多时间和精力，影响整体设计工作进度。标准化设计不仅提高设计效率，缩短设计周期，进而还可以有效地提升设计成果的质量。

（五）提高企业竞争力，促进企业发展

房地产市场的竞争越来越激烈，各房地产企业都在新的市场形势下多方面提升企业核心竞争力，以获取更大的利润和更高的市场地位。房地产企业的举措大体上可归结为提高利润率和开发效率这两个方面。一方面，园林景观标准化设计的采用可以降低成本，从而提高利润率；另一方面，景观标准化设计的采用还可以增加参与开发项目的多部门的工作效率，包括管理部门、设计部门、施工部门、采购部门等，从而增加开发效率。因此，景观设计标准化可以保证房地产企业产品的质量，促进房地产企业发展得更平稳、更快速，提高房地产企业的核心竞争力，在激烈的竞争中获得更具优势的市场地位。

（六）促进住房生产工业化发展

房地产业作为国家支柱行业之一，在房地产开发过程中牵扯了诸多行业，对多个行业具有拉动作用。而景观设计作为房地产项目开发中重要的一环，通过采用标准化设计，会

带动一系列生产行业的生产标准化，这有助于促进社会生产工业化的发展和社会资源的整合与利用。

第三节　园林景观数字化设计的操作流程

以构建数字化园林景观竖向设计方法为主要研究内容，关注影响自然生态环境的演变过程，并构建起整套基于数字平台技术的园林景观竖向因子评价模型，为园林景观竖向设计过程中环境适宜性评价提供科学依据。采用野外调查、资料收集、数据统计分析与4S技术有机结合，在场地现状评估、园林景观设计、建造、运营与管理等多个层面进行全面数字化建构与模拟，实现为某一典型特征的园林景观设计提供科学依据和技术支撑，为建立和完善自然生态与社会经济协调发展提供相关策略。主要开展以下方面的研究：

一、场地环境因子的数字化建模

利用ArcGIS技术平台（ArcView、ArcEditor与ArcInfo）和AutoCAD技术平台（Civil3D、Autodesk Map3D与MapGuide等）对场地中的水文、地质、气候、地表径流、地形、植被，以及人为活动的影响等进行全程跟踪，并获取相关的数据化动态信息，为园林景观设计、施工、管理、运营等全方位的决策提供系统化的科学依据。

二、园林景观设计方案的优化

事实上，园林景观设计的整个过程（包括前期的分析与评估、中期多方案之间的比较、设计成果的表达）就是一个不断优化的过程，在设计的过程中实时反馈信息，甚至出具错误报告，并提出改进方案。具体表现在两个方面：园林景观设计的多方案比较和设计优化，把过程建设和投资回报分析结合起来，将景观的改变对未来的影响计算出来，形成对生态、空间、功能与文化等多层面、多目标的综合需求。

三、加强工程利益相关方的协调沟通

无论是策划部门、设计单位、施工单位还是业主，都可以通过动态的数字模拟来了解工程的进度以及实施过程中遇到的问题，及时找出原因并提出解决方案。园林景观的数字化设计就是要将整个过程都实现可视化，它不仅可以用于效果图的展示及报表的生成，设

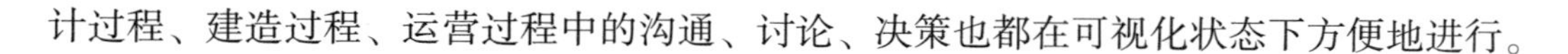

计过程、建造过程、运营过程中的沟通、讨论、决策也都在可视化状态下方便地进行。

四、建立竖向及其相关环境因子的设计协同

场地竖向及其相关环境因子的设计协同需要对具体的园林景观竖向设计进行特征分析，才能更为科学、合理，例如，河流、湖泊等流域景观、城市景观、乡村景观、自然保护地等不同竖向特征类型的生态环境，其设计评价方式和指标具有显著差异。

基于园林景观竖向特征描述的动态演变数据模型，为园林景观生态因子评价体系提供了科学依据，并在实际建设的过程中进行动态维护与更新，以确保数据的时效性与准确性。竖向及其相关环境因子的整体协同效应为园林景观实施过程以及未来的发展都能够沿着某种可控的范围演进提供了基本保证，进而使园林景观发挥出高效的潜能。

五、项目建成后的效益评估

园林景观生态因子评价体系包括植被的生长量、乔木的郁闭度、地下水与雨水水质、鸟类及两栖类的物种变化、空气质量、生态系统的演化等。此外，园林景观实践不应仅限于关注场地本身的变化，更要注重对周边自然生态环境、社会文化和经济效益产生积极的推动作用，并对不同人群带来的积极影响，带动周边社区的发展，提升区域经济活力等综合效益进行全面评估。

第二章 园林景观标准化体系研究

第一节 园林景观标准化体系现状

一、风景园林标准化的现实意义

风景园林是一门涉及多学科的综合性学科，在自然科学方面涉及生物学、生态学、农学、林学、园艺学、地理学、建筑学、城市规划学、土木工程学等学科；在社会科学方面涉及政治学、社会学、经济学、心理学、法学以及文学、美学、绘画等文化领域的学科，当前更拓展到地理信息系统、航空遥感、卫星定位等多个领域。

“近年来，我国社会经济建设取得巨大成就，人们的生活质量水平得到极大提高。在这种情况下，由于物质资源得到极大丰富，人们对生活环境自然产生了更高的追求。在现代城市建设中，景观园林是改善城市环境，提高居民生活环境质量的重要工程，因此要充分满足人们对生活环境日益提高的新要求，必须对景观园林建设加强重视。”① 风景园林绿化是一项城市建设管理的系统工程和现代城市必要的基础设施，其显著特点是专业范围越来越广、专业分工越来越细、科技含量越来越高。风景园林所涉及的尺度和层次也相当广泛，既有大尺度的风景名胜区、自然保护区、森林公园的规划，也有小尺度单体设计；既有宏观的城市绿地系统规划，也有微观的盆景设计；既有观赏植物的严格要求，也有建筑土木的材料标准。所以说，风景园林行业是一个综合性很强的系统学科，需要通过系统性的统一管理来规范行业健康有序地发展。

标准化随着生产的发展和科学技术的进步已经成为现代化管理科学中一个重要的组成部分，它对风景园林行业的发展起着重要的作用，具体如下：

---

① 陈阳：《景观园林施工设计及施工养护技术要点探讨》，载《大众标准化》2022 年 8 期，第 160 页。

第一，风景园林标准化，是实现园林管理现代化的重要手段和必要条件。随着行业横向和纵向范围的拓展、分工趋于细化，对园林系统的社会化和一体化的要求越来越高。因此，要使整个风景园林系统形成一个统一的有机整体，从技术和管理的角度上来讲，风景园林标准化起着纽带作用，只有制定了各种风景园林标准并严格执行，才能实现整个行业系统的高度协调统一，使管理实现规范化、程序化、科学化。

第二，风景园林标准化，是行业系统功能发挥的保证。通过体系标准的层级结构、数量比例和各要素之间的关系（相互协调、相互适应的关系），以及它们之间的合理组合，做到结构合理、层次清晰，并具有一定的可分解性和可扩展空间。从而提高标准系统的优化程度，提高专业化和协作生产的水平，更好地发挥系统效应。

第三，风景园林标准化，可消除贸易壁垒促进国际贸易的发展。目前在国际贸易中，一种很重要的障碍就是技术壁垒。因为技术上的障碍，会影响产品出口，尤其是国内的花卉产品。园林标准的关键问题，就是在技术标准，产品标准等方面采用通用的国际标准，消除由于各国标准不一致的技术壁垒，促进国家技术交流和进出口贸易的发展。

所以，提高我国风景园林标准化水平，对提高园林绿化质量水平、管理水平以及绿化企业的竞争力都具有重要的现实意义。

二、国外风景园林标准体系的现状

（一）国际组织的风景园林标准化现状

1. 国际标准化

国际标准化是指在国际范围内，由众多国家和组织共同参与的标准化活动。旨在协调各国、各地区标准化活动，研究、制定并推广采用国际标准，并就标准化有关问题进行交流和研讨，以促进全球经济、技术、贸易的发展，保障人类安全、健康和社会的可持续发展。

国际标准化组织（ISO）、国际电工委员会（IEC）和国际电信联盟（ITU）是目前最主要的三个国际标准化机构，共同肩负着推动国际标准化的使命。

国际标准化组织于 1947 年 2 月 23 日正式成立，总部设在瑞士日内瓦，是目前世界上最大、最具权威性的国际标准化专门机构，是非政府性的国际标准化团体，也是联合国经社理事会的甲等咨询组织和贸易发展理事会综合级（即最高级）咨询组织。其主要活动是制定国际标准，协调世界范围的标准化工作（除电气和电子工程标准以外的其他所有技术领域)，组织各成员国和技术委员会进行情报交流。

ISO 的组织机构，包括全体大会、理事会、技术管理局、政策制定委员会、中央秘书处等。ISO 的技术组织包括各技术委员会（TC）、分技术委员会（SC）和工作组（WG)。TC 的设立由理事会决定，其工作范围则由技术管理局确定。TC、SC、WG 主要负责某一专业领域标准的制定（修订）工作，而对于交叉领域，ISO 成立了专门的政策制定委员会来协调交叉领域标准的制定（修订）工作。ISO 的技术文件包括：工作草案、建议草案（DP)、国家标准草案（DIS)、技术报告草案（DTR)、技术报告（TR）等。

我国是 ISO 创始国之一，1950 年停止会籍，1978 年恢复成员国资格。目前，我国以正式成员参与了大部分 TC、SC 技术机构，并承担部分秘书处和召集人工作。

（1）ISO 风景园林标准体系。ISO 从两个方面构建风景园林标准体系：①按国际标准分类方法（ICS）进行排列；②按技术委员会（TC）顺序进行排列。ISO 风景园林标准体系由基础标准（术语)、制图标准、环境标准、农业林业标准、机械设备标准、活动设施标准等组成，覆盖了风景园林设计的各个领域。

从 ICS 角度看，ISO 中与风景园林有关的 ICS 主要有：ICS01（综合、术语、标准化、文献)、ICS03（社会学、服务、公司组织和管理、行政、运输)、ICS07（数学、自然科学)、ICS13（环境和保健、安全)、ICS65（农业)、ICS91（建筑材料和建筑物)、ICS97（服务性工作、文娱、体育）等，包含标准 619 项。

从 TC 角度看，ISO 中与风景园林有关的 TC 主要有：TC10（技术制图、产品定义及文件记录)、TC23（农林拖拉机和机具)、TC59（房屋建筑)、TC205（建筑物、环境设计）等，其中包含标准 566 项。

（2）国际风景园林师联合会。国际风景园林师联合会（IFLA）于 1948 年 9 月在英国剑桥成立，总部设在法国凡尔赛。IFLA 是一个民主的、非营利、非政治、非政府性质的国际组织。IFLA 的主要任务是：在不危及全球的自然生态系统的前提下，推动和发展风景园林事业，为国际变革提供理论、技术和经验；在全世界，特别是在风景园林专业相对落后的国家和地区，开发风景园林教育和行业的更高标准；通过研究和活动，努力将艺术、科学和技术相结合，应用于风景园林的设计、规划和开发中，使自然环境的平衡不被破坏。其中，IFLA 的工作目标之一，就是开发行业的更高标准和建立高水平的职业实践标准。

2. **区域标准化**

区域标准化，是指同处于一个地区的国家共同开展的标准化活动。在区域标准化机构中，欧洲标准化机构影响最大。主要有：欧洲标准化委员会（CEN）、欧洲电工标准化委员会（CENELEC）和欧洲电信标准化学会（ETSD），分别与 ISO、IEC 和 ITU 在业务上相对应，并保持密切的联系。

欧盟标准体系，是由上层的欧盟指令、下层的包含具体技术内容的自愿性技术标准所构成。

欧盟指令，由欧盟委员会提出，欧盟理事会经过与欧洲议会协商后批准发布的一种用于协调各成员国国内法的法律形式文件，旨在使各成员国的技术法规趋于一致。欧盟指令是完全协调指令，各成员国必须用欧盟指令取代国家所有可能产生冲突的法律条款。欧盟指令中只规定产品投放市场前所应达到的卫生和安全的基本要求，而具体技术细节则由技术标准来规定。

技术标准，由欧洲标准化组织及其各成员国政府制定，是欧盟指令的具体化。其中，由欧盟委员会委托欧洲标准化机构，以“协调标准”形式制定的标准叫欧盟标准。制定欧洲标准的目的在于支持欧盟指令，消除成员国之间技术性贸易壁垒。

欧洲国家是最先意识到国际贸易技术性壁垒重要性的国家，各成员国也是设置技术壁垒最严重的国家。而实施的技术性贸易壁垒主要通过技术法规、技术标准、合格评定程序、包装和标志以及绿色壁垒等来实现。欧盟在制定标准时，一方面，立足于本地区的实际情况，保证本地区和成员国的根本利益；另一方面，也充分考虑与有关国际标准化组织的合作，积极采用国际标准。目前，它们更致力于将欧洲标准或欧盟成员国标准转化为国际标准。

（1）欧盟风景园林标准体系。欧盟《公共服务指令》是专门针对于政府机构有关的公共服务领域，包含有 27 类服务，其中，“建筑及工程服务，城市规划及园林建筑服务”是指导风景园林技术标准制定的指令。欧洲各国根据本国国情制定了相应的标准，其中很多国家的风景园林标准同时又被欧洲标准和 ISO 标准采用。

（2）联合国欧洲经济委员会。联合国欧洲经济委员会（UNECE）于 1947 年 3 月设立，是联合国经社理事会下属的区域委员会之一，总部设在日内瓦。UNECE 下设有环境政策、内陆运输、统计、可持续能源、贸易、木材、住房和土地、经济合作和一体等八个委员会。其主要任务之一就是制定条例和规范，从而达到成员国内更大限度的一体化和合作。

在产品标准方面，UN/ECE 主要致力于制定公平贸易规则，促进食品安全法规与贸易行为的有效统一，鼓励高质量产品的生产。具体到农产品标准，主要领域是在鲜果与蔬菜、干果、马铃薯、肉类（牛、羊及猪等）、蛋类及切花等易腐烂产品方面。自 1949 年以来已制定了将近 100 项农产品标准，作为 UN/ECE 成员国及非成员国之间进行国际贸易应遵守的规则。这些标准集中体现在产品营销与商业质量控制标准方面，内容丰富具体，可操作性强。

（3）欧洲风景园林基金会。欧洲风景园林基金会（EFLA）是欧洲范围内统一的风景园林专业组织，总部设在比利时的布鲁塞尔，成员是欧盟各成员国的风景园林协会。EFLA 的主要目标是提升欧洲的风景园林发展水平，为在行业内外信息传递提供一个积极的框架，并保证较高的和可以比较的教育和职业实践。

EFLA 的目标之一，就是协调欧盟关于自然和人造环境、风景园林教育和职业实践方面的指令和标准。

（二）发达国家的风景园林标准体系现状

国家标准化，是指一个国家建立全国性的标准化机构、制定国家标准并在全国范围内开展标准化活动。其目的是在全国建立秩序、实现标准的协调统一，促进科学技术、经济及贸易的发展，并在国际标准化活动中，谋求本国标准与国际协调，扩大交流与交往，维护本国利益。

以美国、日本和欧盟为主要代表的发达国家与地区早在 20 世纪初就开始进行标准化工作，经过近一个世纪的发展，各自建立了适应市场经济的标准化工作体系，在法律法规、管理体制、运行机制、标准体制、监督制约机制和政府财政支持等方面达到了比较完善的阶段，其标准已经深入社会经济生活的各个环节，不仅是法律法规的技术支撑，而且是市场准入、契约合同维护、贸易仲裁、合格评定和产品检验的基本依据，起到了提高本国产品竞争力和贸易保护的作用。

国外大部分发达国家均采用自愿性标准体制，即自愿参与编写、自愿采用。并采用标准的“商品管理”模式，即标准是标准化机构组织相关利益方，通过协商一致生产的一种商品，是标准化机构生存的基础。其标准制定、修订工作主要以市场为导向，即根据市场的变化发展与实际需要制定相应的标准，且由于标准的自愿性，为了保证标准被广泛地采用，标准化机构会主动地改进标准制定程序和运行机制，以保证标准的公正性、合理性，提高标准商品的质量，这种机制体现了市场经济的资源配置原则。

此外，在上述标准管理体制下，标准间的秩序也可通过市场经济体制进行自我调节而形成一个相对合理的、最佳的状态，因为在标准制定过程中一旦出现交叉重复的现象，标

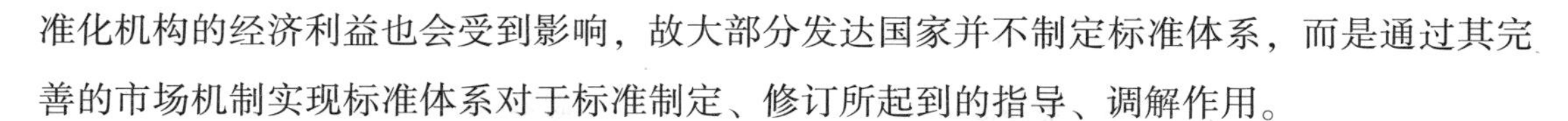

准化机构的经济利益也会受到影响，故大部分发达国家并不制定标准体系，而是通过其完善的市场机制实现标准体系对于标准制定、修订所起到的指导、调解作用。

国外发达国家都十分重视风景园林行业的发展，其标准化工作早就受到高度重视，并已有了几十年的发展历史。由于风景园林涉及多门学科，因此，在这些国家有关标准有时也划分到与其相关的各学科中，如：园艺、环境保护、地质、农业、林业、生物科学、城市规划、建筑及工程、机械与设备等学科与领域，建立了较为综合、科学的标准化体系。风景园林行业标准众多、细致，对专业的主要技术环节均可进行有效的控制，其标准化水平与各相关科学技术和社会实践的进步协调一致，同步发展，满足了实际的需要，突出了标准化工作的重要作用。

1. **美国风景园林标准体系**

美国是世界上标准化事业发展最早的国家之一，其标准体系具有 100 多年的发展历史，被认为是目前世界上最有效最完备的标准体系。长期以来，美国推行民间标准优先的标准化政策，鼓励政府部门参与民间团体的标准化活动，从而调动各方面的积极因素，形成了相互竞争的多元化体系。

美国的标准制定是以市场为导向，主要采用自愿标准体制。政府在标准化活动中作用很有限，主要以民间机构为主导。政府授权并委托标准化协会或标准化学会统一管理、规划和协调标准化事务，政府负责监管和财政支持。因此，美国的标准制定团体很多，大多数是行业协会和专业学会。其中，美国标准协会（ANSI）是自愿国家标准体制的协调者，负责协调和推动国内标准化活动，负责发布美国国家标准，代表美国参加国际标准化组织和活动。

美国重要的风景园林立法主要有《国家公园基本法》《原野地区法》《国家风景和历史游路法》《原生自然与风景河流法》等。

美国风景园林标准体系，由国家标准、协会标准（包括联盟标准）和企业标准三个层次构成。具体内容如下：

（1）国家标准，是由政府委托美国国家标准学会（ANSI）组织协调，由美国农业署（USDA）、环境保护署（EPA）、美国房屋与城市发展署（HUD）等政府机构委托标准制定组织（协会组织）和委员会制定的标准。

（2）协会标准，即由协会（学会）组织以及利益相关的生产者、消费者、用户以及政府和学术界的代表，通过协商程序制定的标准。其中，主要风景园林协会（学会）有：美国风景园林师协会（ASLA）、美国职业园林设计师协会（APLD）、美国保育和风景协会

（ANLA）、美国公园协会（NGA）、美国玫瑰协会（ARS）等。美国的协会具有很强的权威性，不仅在国内享有良好的声誉，而且在国际上也被广泛采用。美国水工作协会（AWWA）颁布了关于风景园林中水利用的70多个相关标准。

（3）企业标准，即由企业（或公司）按照市场需要和用户要求制定的本企业操作规范。

2. 日本风景园林标准体系

日本从20世纪50年代开始园林的立法工作，主要的法律有《都市公园法》（1956年制定，2004年修订）、《都市计画法》（1968年）、《都市绿地保全法》（1973年制定，2004年修订）、《生产绿地法》（1974年制定，1991年修订）、《景观法》（2004年）、《观光立国推进基本法》（2006年）等。

日本的标准体系由国家标准、行业标准和企业标准组成。日本采用的是以国家标准为中心建立标准体系。日本于20世纪50年代就颁布了《工业标准法》和《农林产品品质规格与正确标志法》。根据法律，日本农林水产省设立了农林产品标准研究委员会，负责组织制定和审议日本农林标准（JAS），推进农林产品质量正确标志化。

日本的风景园林国家标准是在农林水产省、国土交通省（地域整备局）、环境省（自然保护局）等部门监管下，由日本造园专业团体、行业协会从事标准化工作，他们接受日本工业标准调查会（JISC）和农林产品标准调查会（JASC）的委托，承担国家标准JIS（日本工业化标准）和JAS（日本农林规格标准）标准的研究、起草工作，最后由JISC和JASC进行审议。

行业标准，多由行业团体、专业协会和社团组织制定。制定行业标准的原则包括：①作为国家标准的补充，使之规定更加具体化；②为制定JAS标准做技术准备，待实施和验证后上升为国家标准，行业标准即行终止；③尚处于发展中的新技术、新产品；④由于种种原因，制定JAS标准有困难。

企业标准，由各株式会社制定的操作规程或技术标准。

日本农林水产省制定的日本花卉标准，其中对玫瑰、百合、菊花、郁金香、唐菖蒲、紫罗兰、非洲菊、洋桔梗、满天星、星辰花、小苍兰、水仙百合等鲜切花的品质、等级、包装等做了详尽的规定。

3. 德国风景园林标准体系

德国风景园林实行技术法规——技术标准体系构成的体系，包括体系本身、体系内在的管理模式以及实施监督等方面。德国风景园林技术法规包含三个典型层次：法律、建筑

法规和法规的执行指南。技术法规由政府负责管理、解释。

德国主要的园林相关法律有《联邦环境保护法》《联邦自然保护法》《联邦森林法》《联邦种苗法》等。

风景园林技术标准属技术文件，由联邦德国标准学会（DIN）制定，主要内容包括两个方面：①实现技术法规规定的强制性目标、功能陈述和性能要求的途径和方法；②工程勘察、设计、施工、测试、验收和使用中的非强制性技术要求及其实现的途径和方法。其主要作用是给出实现强制性风景园林技术要求的途径和方法，同时，对尺寸规格、计算方法、建材与制品、工艺流程等也做了相应的规定，属于推荐性标准，政府无权干涉，但如果被法规所引用，也具有法规属性，必须强制执行。

德国标准有正式标准、暂行标准、双号标准之分。技术内容尚待实践检验和充实的，以暂行标准发布；不加修改地采用国际标准、欧洲标准以及德国电气工程师协会（VDE）等团体标准为德国标准的，则以双号形式发布。

4. 英国风景园林标准体系

英国早在 1863 年就制定了《城市庭院保护法》，其他园林相关法律有《英国皇家公园法》《公园保护法》《公众保健法》《城乡计划法》《绿带法》《绿地法》等。

由英国环境、食品与乡村事务部（DEFRA）等行业主管部门制定和发布的风景园林标准主要集中在园林植物材料、园林工程、园林施工技术等方面。与园林植物材料有关的标准有大树移植方法、中等苗木移植法、圣诞节用树修剪法等；与园林工程有关的标准有混凝土制品、铺装材料、山石、瓷制品、园林用烧结块、木材制品、喷嘴、橡胶管、庭园照明器具、篱笆、栏杆、垃圾箱等；园林施工技术的标准包括土地整理、排水措施、种植、管理等诸多内容。其标准的项目、表达内容、技术程序框架等，均能与技术进步相适应，促进了英国风景园林绿化事业的快速发展。

三、发达国家风景园林标准化建设对我国的启示

美国、日本、欧盟等发达国家与地区的风景园林标准化管理体制虽各不相同，但都体现了标准制定以市场为主导，标准的自愿性原则，学习和借鉴国外标准化工作中的成功经验，对建立我国新型风景园林标准体系是非常有益的。

（一）标准定位

发达国家在标准的定位方面，始终贯穿着通过对标准的发言权，争取标准的制定权，

继而实现领导权的战略思想。极力追求国际标准控制权；制定国际标准以其国家标准为基础是其追求的目标；极力提高国际标准采纳本国标准比率；标准研究与国家产业政策有机结合，为标准水平不断提高奠定基础等。

（二）标准体系

第一，标准的自愿性特征。

第二，标准制定以市场为主导，以企业为主体。

第三，标准的生产属性和技术性相结合。

第四，标准与科技进步协调发展。

（三）管理体制

大多数西方发达国家的标准化管理体制已经完成了由政府主导型向学术团体主导型的过渡，建立和完善了适应市场经济和国际贸易的标准化管理机制。

政府授权委托非政府机构（如标准化协会等）统一管理规划、协调标准化事务，政府负责监管和财政支持。国家标准的研究工作和标准起草工作一般委托行业协会、学会等民间组织负责。标准化团体根据市场需要制定标准过程要求各方广泛参与、协调一致、透明公正，最大限度地满足各方面利益和需求。

（四）运行机制

标准制定遵循市场化原则，基本上形成了政府监管、授权机构负责、专业机构起草、全社会征求意见的标准化工作运行机制，从而提高了标准制定的效率，保障了标准制定的公正性和透明度。

第二节　园林景观标准化体系运行

一、现行风景园林标准化体系的运行机构

（一）现行风景园林标准化体系的管理机构

我国标准化工作实行统一管理与分工负责相结合的管理体制。《中华人民共和国标准

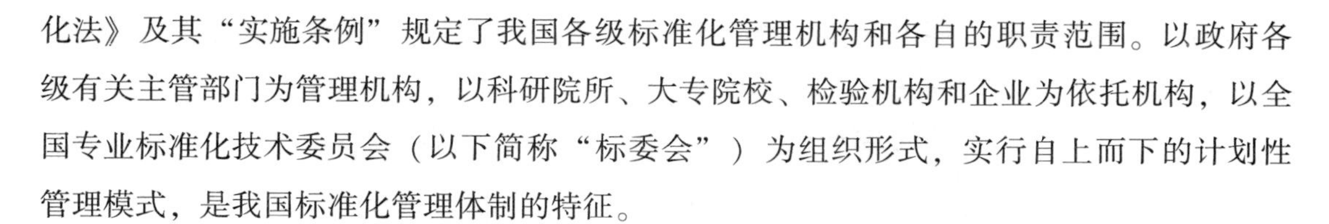

化法》及其“实施条例”规定了我国各级标准化管理机构和各自的职责范围。以政府各级有关主管部门为管理机构，以科研院所、大专院校、检验机构和企业为依托机构，以全国专业标准化技术委员会（以下简称“标委会”）为组织形式，实行自上而下的计划性管理模式，是我国标准化管理体制的特征。

1. 国家标准化行政主管部门

我国风景园林国家标准的行政主管部门，是国家标准化管理委员会。国家标准化管理委员会是国务院授权履行行政管理职能，统一管理全国标准化工作的主管机构，是国家标准的管理机构（负责统一计划、统一审查、统一批准和发布），是国家标准制定和修订组织机构（但有关卫生、环保、工程建设和用于军事的国家标准除外，分别由国家卫健委、国家生态环境部、国家住建部和国家工信部负责），是行业标准和地方标准的备案机构，是全国标准化技术委员会有关工作的协调和管理机构，是我国参与国际或区域性标准化活动的主要管理机构。

2. 行业标准化行政主管部门

行业标准化行政主管部门，指国务院有关行政主管部门，分工管理本部门、本行业的标准化工作。风景园林行业标准，包括各相关部门组织制定的标准。

3. 地方标准化行政主管部门

地方标准化行政主管部门，指省、自治区、直辖市标准化行政主管部门（统一管理本行政区域的标准化工作）和省、自治区、直辖市人民政府有关行政主管部门（分工管理本行政区域内本部门、本行业的标准化工作）。地方标准是对没有国家标准和行业标准而又需要在省、自治区、直辖市范围内统一的技术要求。风景园林地方标准目前多数由省、自治区、直辖市标准化行政主管部门和业务主管部门统一编制计划、组织、制定、审批、编号和发布。

（二）现行风景园林标准化体系的工作机构

我国的标准化运行机构主要包括：各标准化研究机构、标准技术归口单位、作为技术工作组织的全国专业标准化技术委员会、直属标准工作组等。这些机构负责标准化工作的微观管理，具体负责组织标准的制定、修订、审查和报批等核心工作，同时还承担标准宣贯、培训、解释和咨询等服务性工作。我国从 1960 年起，逐步开始建立标准化研究和信息服务机构。全国标准化技术委员会是在国务院标准化行政主管部门的统一领导下，在一定专业领域内从事全国标准化工作的技术工作机构。

我国风景园林相关的全国标准化技术委员会，包括全国林业机械标准化技术委员会、全国林木种子标准化技术委员会、全国旅游标准化技术委员会、全国环境管理标准化技术委员会、全国花卉标准化技术委员会等。风景园林部门在研究方面起步晚，在技术工作机构方面数量与比例相对较少。

二、我国风景园林标准化体系运行的改进措施

（一）加强行业相关部门的监管职能

“近年来，我国的城市化进程有了很大进展，在城市中，园林景观建设越来越多。”①随着行业的快速发展和我国加入世界贸易组织（WTO），加强风景园林行业的标准化管理工作，建立健全的风景园林标准体系已是迫在眉睫，不容观望。应尽快建立并逐步完善适应市场经济和国际贸易的标准化管理机制，以保证标准化机制和程序的公平公正。

对于标准而言，政府职能是对标准化机构实行监督管理，保证标准化机制和程序的公平公正，而将标准逐步交给社会中介组织来管理，将标准的技术问题留给利益相关方去协商解决，这样就可以避免标准成为保护部门利益的一种形式，标准体系间的重叠、交叉等问题也可以得到解决。

（二）发挥行业协会与学会的主导作用

由主管部门和行业协会、学会牵头，筹建“全国风景园林标准化技术委员会”，统一管理标准化事务，同时，负责协调相关部门专业之间标准的交叉、重复问题，以保证标准体系的系统性、连贯性和完整性。

民间标准制定组织已成为标准制定体系的重要组成部分。在我国已经形成的“政府—行业协会—企业”的经济运行体制模式中，行业协会组织已经成为这种经济运行体制中的核心部分，在国家的经济发展中起着举足轻重的作用。在我国市场经济条件下，民间协会组织作为政府与企业以外的“第三部门”，其宗旨就是要为企业，为行业发展服务。协会组织为政府服务，协助政府开展某些工作，又可沟通政府与企业的关系，营造良好的市场竞争秩序。而技术标准是民间标准组织行使其功能的一个重要手段。

企业的技术标准来源于市场，最能体现市场的性质，而企业是民间标准化组织的基本

① 黄敏：《市政园林景观工程建筑施工标准化研究》，载《中国房地产业》2019年6期，第222页。

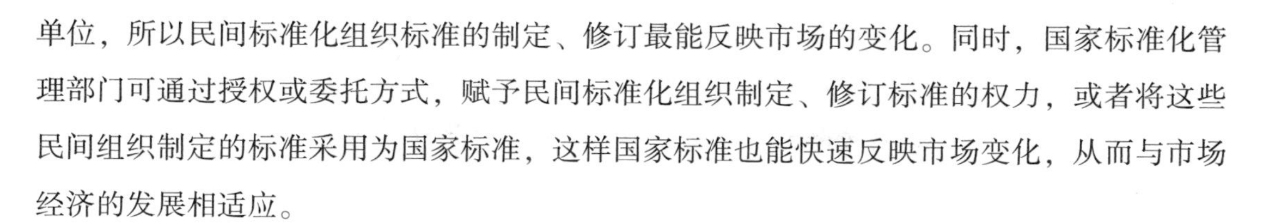
单位，所以民间标准化组织标准的制定、修订最能反映市场的变化。同时，国家标准化管理部门可通过授权或委托方式，赋予民间标准化组织制定、修订标准的权力，或者将这些民间组织制定的标准采用为国家标准，这样国家标准也能快速反映市场变化，从而与市场经济的发展相适应。

（三）提高标准体系的整体技术水平

加强基础标准和标准量化指标的制定，提高标准体系的整体技术水平；加大标准化研究的经费和力量，加强相关基础标准的制定，提高园林科技研究中的定量测定，只有加强量化指标，才能使绿化工程建设和养护质量等有科学公正的判断依据，园林质量的检验才能有据可依，加强质量管理才能落到实处。同时，要积极采用国内外先进的技术、工艺和材料，提高标准的技术含量。

（四）提高国际标准采纳本国标准比率

提高国际标准和国外先进标准的“采标率”，努力提高国际标准采纳本国标准的比率。推动采用国际标准和国外先进标准，是我国标准化工作的一项基本政策。美、德、英、日等发达国家经过长期的积累，已经建立了比较完整的风景园林标准体系，尤其在园林绿化建设施工、养护管理等方面。学习借鉴国外的先进经验和现成的技术标准，根据国情，等效或等同采用、修改采用国家标准和国外先进标准，提高“采标率”，以促进园林绿化行业同国际水平的接轨。同时，分析国内现有标准与国内、国外的差距和薄弱环节，明确今后的主攻方向，并努力推动国际标准采纳我国标准。

近年来，国际上针对园林产品最普遍的是绿色壁垒，又称环境壁垒，主要是通过技术标准、卫生检疫规定、商品包装和标签规定等来实施。因此把园林产品的产前、产中、产后全过程纳入标准化生产和标准化管理轨道，以促进园林产品质量、科技含量的不断提高，这样才能占领国际市场。

（五）建立快速反应与动态维护机制

建立标准化的快速反应机制和动态维护机制，保证标准体系的先进适用性。在标准体系构建上，充分考虑园林绿化行业未来的发展方向，将重要的关键技术纳入到标准体系中。同时，针对行业相关领域技术标准呈现更新加快的趋势，对标准体系采用动态维护机制和快速反应机制，从而保证标准体系中标准的有效状态、修订替代关系、采标关系、引用关系等多种属性得到动态更新和维护，时刻保持标准体系的先进性。建立多渠道的标准信息反馈渠道，以及时获得市场对标准的需求信息，从而提高标准体系的市场适用性。

完善的标准制定、修订程序，是保证标准和标准体系质量的关键所在。它直接关系到标准体系的结构和组成是否合理。它可以从源头上解决标准不一致、重复立项以及标准水平滞后等问题，对今后标准化工作也有着重要的指导和规划作用，从而提高标准体系的协调性和适用性。

（六）加强标准化的宣传与贯彻实施

制定标准的目的在于贯彻标准，运用标准指导科研、生产和管理工作。应加大对园林标准的宣传工作，使之贯穿在行业的每个环节，强化标准化意识并明确利害关系，使人们有意识地去主动执行这些技术标准和规范。避免重“编”轻“管”、重“制定”轻“实施”的现象，加强对技术标准和规范的监督管理。

第三节　新型园林景观标准体系框架的构建

一、标准体系及其框架构建的理论基础

标准体系是指一定范围内的标准按其内在联系形成的科学的有机整体。其中，“一定范围”可以指国际、区域、国家、行业、地区、企业范围，也可以指产品、项目、技术、事物范围；“有机整体”是指标准体系是一个整体，标准体系内各项标准之间具有内在的有机联系。

标准体系是一个由标准组成的系统，是标准化系统内标准最佳秩序的体现。其形成有两种模式，即由局部到整体和由整体到局部。标准体系是一个较为抽象的概念，在实际运用过程中则将其具体化为标准体系表的形式。

（一）标准体系的基本属性

1. 目标性

任何标准系统的建立都有其明确的目的或目标。或者为了保障健康、安全，或者是为了提高产品质量，或者是为了维护消费者权益，或者是兼而有之。标准系统的目标是创造

这个系统的人们的愿望的反映，是人类意志的体现。它常常根据上层系统（如：社会经济管理系统）的要求而提出来，然后又被用于对该系统进行管理（如：目标管理）。标准系统具有具体化、定量化的特征，这是它具有管理功能的重要原因。

2. 集合性

古代的标准常常是孤立发生作用的，而现代标准化则以标准的集合为特征。随着生产社会化程度的提高，标准的集合性也在增强。任何一个标准都难以独自发挥其效应。也正是由于这种原因，标准化才从个体水平上升为系统水平。

标准系统的集合性与其目标性有着密切的联系。没有目标，集合便是盲目的、无根据的。许多标准的集合为了实现一定的目标；而系统目标的优化程度及其实现的可能性，又同标准的集合程度、集合水平有直接关系。

3. 层次性

标准系统有的较简单，有的却是相当复杂的系统（如：国家标准系统），包含着为数众多的标准，但任何一个标准系统都不是杂乱无章的堆积，整个标准系统是有秩序、分层次的。标准系统的结构层次性，是由系统中各要素之间的联系方式以及系统运动规律的类似性等因素决定的。一般是高一级的结构层次对低一级的结构层次有着较大的制约性，而低层次又是高层次的基础并反作用于高层次。

4. 开放性

标准系统既不是封闭的，也不是绝对静止的。因为任何标准系统总是要处于某种环境（包括更大的标准系统）之中，总是要同环境之间进行相互作用，交换信息，并且不断地淘汰那些不适用的要素，及时补充新的要素，使标准体系处于不断进化的过程，这就是标准体系的开放性（或动态性）。这些特性是标准系统与变化着的外界环境相互作用（包括能量、信息等的交换）的必然趋势。现存的结构状态则是当前系统中各组成要素间的相互作用以及系统受周围环境影响的结果。

5. 阶段性

标准系统的发展是有阶段的，标准效应的发挥要求系统处于稳态，这是标准系统很显著的特点。由于标准不是理想的自组织系统，它的发展阶段性是人为控制的，所以它的发展阶段常常同客观环境的发展步伐脱节，出现标准滞后于客观实际的现象，这是必须对标准系统进行控制的原因。

（二）标准体系表及其结构形式

标准体系表，是一定范围的标准体系内的标准按一定形式排列起来的图表。标准体系表是编制标准制、修订规划和计划的依据之一，是促进一定标准化工作范围内的标准组成达到科学合理化的基础，是一种包括现有、应用和预计发展的标准的全面蓝图，并将随着科学技术的发展而不断地得到更新和充实。标准体系研究的重要成果之一即形成一个科学、完整的标准体系表。

标准体系表包括在一定时期内，一定范围的标准体系应有的全部标准，即包括应该保留的现有标准以及应该进行制定、修订的标准。标准体系表内的标准是按照一定形式排列起来以表示标准之间的内在联系和依存制约的关系。

根据标准的不同排列形式，标准体系表主要分为以下三种结构形式：

1. 层次结构形式

层次结构形式，可由一个总层次结构方框图和若干个与各方框相对应的标准明细表组成，层次结构方框图用框图的形式体现了纳入体系中不同标准的分类组合和层次结构。这种结构层次分明，便于通观全局、体现标准间的联系和进行综合管理。

2. 序列结构形式

序列结构形式，是以某一主题（如：产品、过程、作业、服务、管理等）为中心的一条龙配套结构，即按工作程序列出一个总序列结构方框图和若干个与各方框相对应的标准明细表组成，序列结构方框图用框图的形式体现了某一主题相配套的标准按照一定顺序的排列组合方式，这种形式突出重点，能反映小范围内的全面配套情况，有利于专项和局部管理。

3. 综合结构形式

综合结构形式，即上述两种结构形式的结合，其结构图是根据制定体系表的不同意图综合上述两种形式而绘制，没有固定的形式。这种结构形式兼具二者的优点，既可以通观全局的层次，又可以对其中某一专项的配套标准的完整内容深入了解。

由上述结构形式可以看出，标准体系表由标准体系框架结构图和标准明细表两部分组成。标准体系框架结构图即表现标准体系表内标准排列形式的方框图，标准明细表则以表格的形式列出了与各方框相对应的应纳入体系的具体标准的名称、编号、级别等详细信息。

（三）标准体系框架的构建原则

标准体系表的编制原则，包括了对标准体系框架构建原则和标准明细表制定原则的共同要求，故体系框架的构建应遵从标准体系表的编制原则。

第一，全面成套。应充分研究当前预计到的经济、科学、技术及其管理中需要协调统一的各种事物和概念，力求在一定范围内的应有标准全面成套。

第二，层次恰当。根据标准的适用范围，恰当地将标准安排在不同的层次上。一般应尽量扩大标准的适用范围，或尽量安排在高层次上，即应在大范围内协调统一的标准不应在数个小范围内各自制定，达到体系组成尽量合理简化。

第三，划分明确。体系表中不同的行业、专业、门类间或不同的分系统间的划分，主要应按社会经济活动性质的同一性，而不是按行政系统进行划分。

同一标准不要同时列入两个以上体系或分体系内，避免统一标准由两个以上单位同时重复制定。为了表示出与其他体系标准间的协调配套关系，可将引用的其他体系的标准列为本体系的相关标准。应按标准的特点，而不是按产品、过程、服务或管理的特点进行划分，即不应将标准体系表编成产品、过程、服务或管理分类表。

（四）标准体系框架的构建方法

标准体系框架的构建，即指标准体系中的层次结构方框图或序列结构方框图的绘制过程。如果将标准体系表比喻成一棵大树，那么标准体系框架就相当于它的枝干，而标准明细表则相当于每根枝丫上的树叶。因此，标准体系框架的构建是编制标准体系表的关键性工作。

在标准体系表的层次结构形式中，标准体系框架即指层次结构方框图的具体结构，它体现了纳入体系中不同标准的排列形式，这种排列形式表现为分类组合和层次结构。因此，标准体系框架构建的关键，是确定标准的分类组合和层次结构。此外，还包括体系相关标准的补充、体系框架结构图的最终绘制等具体内容。

1. 确定层次结构的方法

从一定范围内的若干个标准中，提取共性特征并定成共性标准。然后，将此共性标准安排在标准体系表内的被提取的若干个标准之上。这种提取出来的共性标准构成标准体系中的一个层次。

我国已建立了较为完备的国家标准体系。一般来说，全国标准体系表可分为五个层次：①个性标准居最底层，即第五层。②从第五层提取出来的标准居第四层，称为门类通用标准，有时因门类繁多，也可将门类标准分为两层，此时，个性标准变为第六层。也有时专业下不分门类，即从底层提取出来的标准直接成为专业通用标准，这时，个性标准变为第四层。③从第四层（指门类通用标准）提取出来的标准居第三层，称为专业通用标准。有时因专业繁多，也可将专业通用标准分为二层，此时应相应改变以下各层序号。④从第三层提取出来的居第二层，称为行业通用标准；⑤从第二层提取出来的居第一层，称全国通用标准。

标准体系框架层次结构的确定，包括两个方面的内容：一是确定分为几层，二是确定每层的内容。对于层次的数量，可以在参照全国标准体系表中相应标准体系表的层次结构的基础上，结合自身体系内标准构成的特点进行确定。各层次的内容，就是个性标准的相应层次共性特征所构成的共性标准，因此，每层内容的确定即标准不同层次共性特征的确定，标准体系框架中层次的构建过程即为标准共性特征的提炼过程。

2. 确定分类组合的方法

（1）标准分类方法。标准的种类极其繁多，不可能只用一个标志对所有标准进行分类。为了不同的目的，可以从不同的角度对标准进行分类。我国目前比较通用的分类方法，主要有三种，即层级分类法、性质分类法和对象分类法。

第一，层级分类法。层级分类法是将标准按照其发生作用的有效范围划分为不同的层次。这种层次关系人们通常又把它叫作标准的级别。从当今世界范围来看，主要有国际标准、区域性标准、国家标准、行业标准、地方标准、企业标准等类型。在各国的标准系统中，层次的划分不尽相同。根据我国政府颁布的标准化管理条例的规定，我国标准分为国家标准、行业标准、地方标准和企业标准四个层级。

第二，性质分类法。性质分类法是按照标准本身的属性加以分类。由于标准的属性分为众多的种类和复杂的层次，因此性质分类法的划分方法种类繁多。通常可以分为技术标准、管理标准和工作标准三大类，每一类下面还可以划分为若干层次。技术标准，是指对标准化领域中需要协调统一的技术事项所制定的标准；管理标准，是指对标准化领域中需要协调统一的管理事项所制定的标准；工作标准，是为实现整个工作过程的协调，提高工作质量和工作效率，对工作岗位所制定的标准。

第三，对象分类法。对象分类法是按照标准化的对象而进行的分类。同样，由于标准化对象的种类繁多，分类的结果也是不可胜数。在我国，出于工作上的方便，习惯上把标准按对象和作用分为基础标准、产品标准、方法标准、安全标准、卫生标准、环境保护标准等。

（2）三种分类方法的关系。上述三种分类方法是从三个不同的角度对同一个标准集合所进行的划分，它们之间存在着相互补充、相互为用的关系。

第一，一个标准可以按照三种分类方法进行分类。例如，一个产品标准，按照对象分类法它是产品标准，按照性质分类法它可能是一个技术标准，按照层级分类法它可能又是一个行业标准。即采用不同的分类方法对同一个标准分类，其结果也是不同的。

第二，某种分类法中的标准，可以再用其他两种分类法进行进一步的划分。例如，对象分类法中的产品标准，既可以用性质分类法将其划分为产品的技术标准、产品的工作标准和产品的管理标准等类型；又可以用层级分类法将其分为国家级产品标准、行业级产品标准、企业级产品标准等。其他两种分类法都可以此类推。

3. 补充相关标准的方法

相关标准，即属于其他标准体系而受本体系直接采用并关系密切的标准。世间万物都不是孤立存在的，彼此间都存在着一定的联系，标准也是如此。几乎每项标准的制定，都会或多或少地引用与其关系密切标准中的相关内容，被引用的标准可能与其在同一标准体系中，也可能分属不同的体系。因此，为保证标准体系构建的完整性，应将这些相关标准一同纳入体系框架。相关标准也有不同的层次，有些标准与体系内的所有标准都密切相关，有些则可能只与体系中一个层次或一类标准密切相关，应根据相关标准的不同层次列入体系框架的相应位置。

4. 绘制层次结构方框图

标准体系框架构建的最终结果，即绘制出一个完整的层次结构方框图，其层次间应分别用实线或虚线连接。原则上，表示层次间有共性标准与个性标准间的主从关系的连线用实线，不表示上述主从关系的连线用虚线；此外，为了表明与其他系统的协调配套关系，用实线表示本体系层次间的连线，用虚线表示本体系层次与相关标准间的连线。

为便于今后标准明细表的编制，每个方框均须编上图号，这样不仅能明确标准在整个体系中的位置，还可以为今后标准数据库的检索提供检索信息，图号可以根据具体的层次结构进行编制，无固定编法。

二、新型园林景观标准体系构建的前提

（一）新型园林景观标准体系构建的主要目标

第一，通过建立新型风景园林标准体系，为园林绿化主管部门依法行政、科学管理、

有效指导绿化工作提供技术保障和支持；为企业及时了解园林绿化标准的信息并自觉执行国家各级标准提供保障。

第二，通过风景园林标准体系的标准化需求分析，重新评价和清理现有的标准，提出标准制定、修订项目，使绝大多数风景园林流程都有标准相对应，从而达到全面质量控制的目的。

第三，逐步解决目前风景园林标准中存在的问题，通过与国际组织及发达国家标准体系的对比，找出我国风景园林标准中存在的主要差距，促使其与国际接轨，研究形成科学全面、系统配套的风景园林标准体系框架。

（二）新型园林景观标准体系构建的指导思想

按照新时期风景园林发展的总体要求，根据国家的相关法律和法规，以市场为导向，以提高风景园林技术水平和市场竞争力为重点，以国际标准为参照，以先进适用技术转化为基础，以政府推动为主导力量，着眼于风景园林的规划、设计、施工、质量等全周期过程，建立一套既适合国情又适合国际惯例的风景园林标准体系，为新时期城市建设和社会和谐发展提供强有力的技术支撑。

（三）新型园林景观标准体系构建的基本原则

第一，坚持立足当前与循序渐进相结合的原则。对当前制约行业发展和继续加强的突出问题，必须集中精力加速解决，但是对于整个体系的建设，必须尊重客观现实的约束，科学安排，合理规划，循序渐进。

第二，坚持市场主导与政府指导相结合的原则。应特别强调政府在推动体系建设中的宏观指导地位，注意发挥技术法规（现阶段是强制性标准）在体系建设中的带动作用。与此同时，应建立公正透明的标准运行体制，积极鼓励和组织园林企业、社会中介组织机构、用户共同参与标准的制定、修订工作。

第三，坚持突出重点与统筹兼顾相结合的原则。抓住建设生态园林城市的契机，围绕传统园林的保护和更新、城市（城镇）绿地系统编制以及风景资源的利用和保护等重点领域，抓紧急需标准的制定、修订工作。对花卉产品等出口创汇产品，要突出产品安全及与之配套的检测方法标准的制定、修订。

第四，坚持科学研究与标准制定相结合的原则。应努力构建科技创新与技术标准协调发展的机制，合理配置资源，加强标准技术研究和相关的人员、机构建设。

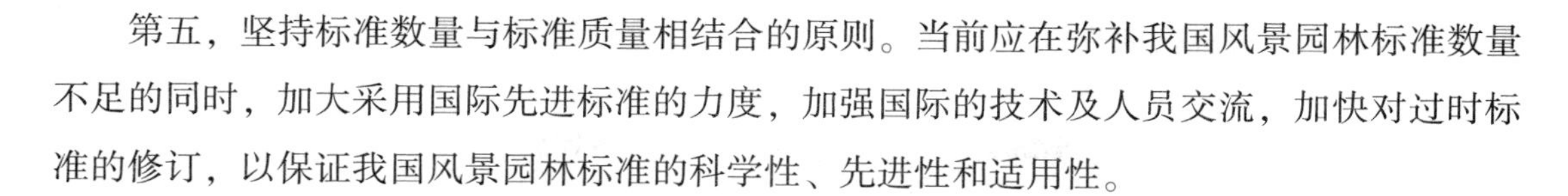
第五，坚持标准数量与标准质量相结合的原则。当前应在弥补我国风景园林标准数量不足的同时，加大采用国际先进标准的力度，加强国际的技术及人员交流，加快对过时标准的修订，以保证我国风景园林标准的科学性、先进性和适用性。

三、新型园林景观标准体系框架及特点

（一）新型园林景观标准体系的框架结构

根据标准体系的内在联系特征和风景园林行业的具体特点，风景园林标准体系采用由专业门类、专业序列和层次构成的三维框架结构。

1. 专业门类

专业门类，与风景园林政府职能和施政领域密切相关，反映了风景园林行业的主要对象、作用和目标，体现了风景园林行业的特色。如：风景园林综合、城市绿地系统、风景名胜区、自然和文化遗产和大尺度的大地景观等。

按标准的专业门类展开，分为“风景园林综合”“城市绿地系统”“风景资源和自然文化遗产”和“大地景观与环境”四大类。

（1）风景园林综合类，收入具有综合性或难以归入其他类别的技术标准。

（2）城市绿地系统类，收入涉及城市绿地系统、小城镇绿地系统等方面的标准。

（3）风景资源和自然文化遗产，收入涉及风景名胜区、森林公园、自然保护区、地质公园、水利风景区和自然文化遗产等方面的标准。

（4）大地景观与环境类，收入涉及大尺度的土地利用、资源利用和生态管理、环境保护、生态系统保护、信息交通系统等方面的标准。

2. 专业序列

专业序列，为实现上述专业目标所采取的工程建设程序或技术装备类别，反映了国民经济领域所具有的共性特征。如：工程建设方面的规划、设计、施工、管理维护、设施设备和材料产品等。

按标准的专业序列展开，分为“综合技术”“规划”“建设”“管理与维护”“材料与产品”“设施与设备”和“信息系统”七大序列，其中各个序列中又包含相应的小序列。

（1）综合技术。综合技术又分为环境；动植物、土壤、水、空气、噪声；其他风景园林综合技术。

（2）风景园林规划。风景园林规划分为城市绿地系统规划、小城镇绿地系统规划、风

景名胜区规划、森林公园规划、地质公园规划、水利风景区规划、自然保护区规划、大地景观规划。

（3）风景园林建设。风景园林建设分为勘测、设计、施工、质量。

（4）风景园林管理维护。风景园林管理维护分为管理与维护综合、公园绿地管理与维护、生产绿地管理与维护、防护绿地管理与维护、附属绿地管理与维护、其他绿地管理与维护。

（5）风景园林材料与产品。风景园林材料与产品分为园林植物材料、园林建筑工程材料、园林生产材料、园林产品。

（6）风景园林设施与设备。风景园林设施与设备分为园林机械、园艺设备、灌溉和排放设备、园林家具、游乐设施、其他园林配套设施。

（7）风景园林信息系统。风景园林信息系统分为园林信息资源数据库系统、园林信息技术应用、园林电子商务系统、园林动态管理系统。

3. 层次

层次，一定范围内一定数量的共性标准的集合，反映了各项标准之间的内在联系。上、下层次体现了标准与标准之间的主从关系，上一层次的标准作为下一层次标准的共性提升，一般制约着下层次的标准；下一层次标准是对上一层次标准内容进行细化或补充，应服从上一层次标准的规定，而不得违背上一层次标准的规定。层次的高低表明了标准在一定范围内的共性程度及覆盖面的大小。

按标准的层次展开，分为“基础标准”“通用标准”“专用标准”三个层次。

（1）基础标准层次。基础标准作为本体系表中第一层次的标准，是指具有广泛的普及范围或包含一个特定领域的通用规定的标准，在风景园林行业范围内作为其他标准的基础并普遍使用，具有广泛指导意义的术语、符号、计量单位、图形、模数、基本分类、基本原则等的标准。如：园林基本术语标准、花卉术语、风景园林图例图示标准等。

（2）通用标准层次。通用标准作为本体系表中第二层次的标准，是指在一定范围和领域内通用的标准，是由各项专用标准中将其共性内容提升上来的标准，是针对某一类标准化对象制定的覆盖面较大的共性标准。它可以作为制定专用标准的依据。如：通用的安全、卫生与环保要求，通用的质量要求，通用的设计、施工要求与试验方法，以及通用的管理技术等。

（3）专用标准层次。专用作为本体系表中第三层次的标准，指受有关基础标准和通用标准所制约，是针对某一具体标准化对象或作为通用标准的补充、延伸制定的专项标准。

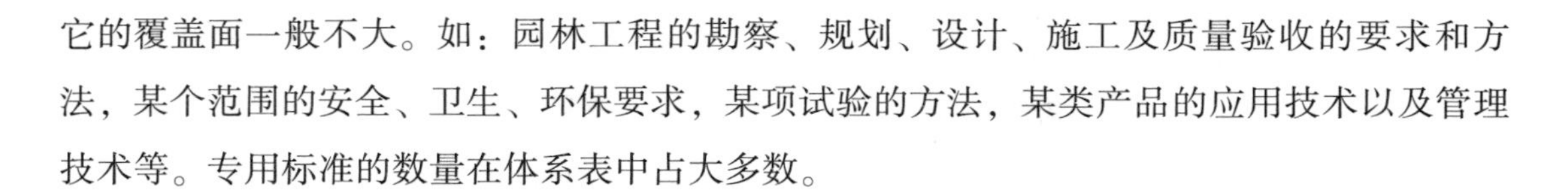

它的覆盖面一般不大。如：园林工程的勘察、规划、设计、施工及质量验收的要求和方法，某个范围的安全、卫生、环保要求，某项试验的方法，某类产品的应用技术以及管理技术等。专用标准的数量在体系表中占大多数。

（二）新型园林景观标准体系的框架特点

1. 涵盖园林景观的主要专业领域

新型体系既立足当前，又关注长远；既立足国情，又面向国际。涵盖了风景园林当前和未来一段时间的主要专业领域：传统园林学、城市绿化和大地景观规划。既考虑园林绿化目前的生产实际和技术水平，也对园林绿化未来的发展有所预见，基本能够反映行业的现有结构和特点。主要专业领域有古典园林的规划设计、建设、保护与管理；园林植物（观赏树木、花卉、草坪）应用、园林建筑的规划设计、建设与管理；城市景观设计；城市（小城镇）绿地系统的规划、建设与管理、风景资源（文化与自然遗产、风景名胜区、森林公园、自然保护区、地质公园、水利风景区等）的规划、保护、建设与管理；生态区域（绿色廊道、防护林网、大地绿化、生态示范区等）规划设计、建设。

2. 包括园林景观的全周期过程

新型标准体系表覆盖了园林绿化规划、勘测、设计、建设、管理和维护等全部环节，关注绿化工程的上游、中游、下游的全过程，保证了规范化的系统控制管理。同时体现当今园林设计领域中的最新理念、最新设计方法和最新技术成果。标准体系在满足国家现行有关法规、标准的基础上，具有一定的超前性和引导性，与风景园林行业发展目标和任务相适应。

3. 突出园林景观系统优化思想

新型风景园林标准体系表提出将各项园林绿化标准分门别类地纳入相应的分层中，使体系表在内容、层次上充分体现系统性，做到结构合理、层次清晰，并具有一定的可分解性和可扩展空间。通过体系标准的层级结构、数量比例和各要素之间的关系（相互协调、相互适应的关系），以及它们之间的合理组合，提高标准系统的组织程度，更好地发挥效应。

第三章 园林景观空间信息数据库设计应用——以无锡为例

第一节 园林景观基础信息数据库构建

无锡近代园林基础信息数据库构建围绕相关园林信息数据展开对园林信息的整合与归类。构建之前，需要以近代园林信息数据库的数据分析为导向，摸清园林信息数据库构建需求，以合理、有效的方式展开对园林基础信息数据采集工作。并依据国家相关信息标准化分类编码规范，分别对采集获取的园林基础信息数据做出分类与编码工作，目的是为了更加有效和方便地记录在 GIS① 空间信息数据库中。过程中按照近代园林结构和规范要求，设计一套完整的近代园林基础信息数据库结构，方便后期园林空间信息数据库在 GIS 信息载体与网络数字媒介中的稳定运行与实时更新。

一、园林数据需求分析

近代园林数据需求是依据信息数据库的目标人群定位展开的，是对近代园林信息数据需求、广度与深度分析的构建。数据需求是针对不同的目标使用人群所设置的相关信息数据集，包括对近代园林管理决策层领导的使用数据需求、规划设计人员的使用数据需求、园林维护管理人员使用信息数据的需求以及普通用户查询检索近代园林需求的四类相关人群需求。近代园林的数据采集和标准化分类均依靠对四类目标人群的定位开展，具体分析如下：

园林数据需求除了依靠相关人群定位来源外，更多的是对园域要素信息的采集与整合，主要基于建筑、植物、场地要素、水景、园路体系和相关设施小品等园域要素信息的需求。具体涉及每类园域要素信息的文本、图片、CAD 矢量文件、三维模型、音频与视频

① GIS 一般指地理信息系统。地理信息系统有时又称为“地学信息系统”，是一种特定的十分重要的空间信息系统。

以及门户网站建设等相关要素信息。这些园林信息整合为一体，成为园林数据需求主体系。

在无锡近代园林需求主体系中，信息数据集包括园域园林数据信息（以建筑、植物、场地、园路、设施小品等为导向）和市域园林数据信息（以图文、影音、矢量 CAD、三维模型等类别信息为导向）两部分组成，各信息区间存在可交互和可叠加两种功能，实现各信息数据之间的可利用性。

二、园林基础信息数据采集

无锡近代园林类别繁多，市域园林数量较大，规模不一，个别园林更新较快，园域要素信息阶段性变化特征明显，对于园林基础信息数据系统采集而言工作难度较大。因此，找到一条合理、高效的园林基础信息数据采集方法获取市域近代园林的基础信息尤为重要。

（一）以市域园林为轴心，进行近代园林的调研

这一阶段主体是收集无锡近代园林现阶段的相关成果，即采用多渠道、多种类、多方法的特点进行近代园林各类别数据信息的收集工作。涉及城市规划院、城市档案馆、图书馆、园林管理建设单位、高校研究平台和相关园林更新规划设计单位等部门进行近代园林信息数据采集，资料信息具体涵盖以下部分：

1. 图文信息数据采集

充分利用各资源渠道进行图文信息收集，包括近代园林图片、矢量图层、各类园林信息图、区域面积设计规划图以及园林相关要素 CAD 矢量图（园域要素平、立、剖、测量数据等矢量图）等，而文字信息则以近代园林出版的相关书籍、报刊、文字回忆录及相关语录为主，通过合理的格式转化构成近代园林文本信息的数据集。在图形转化中，借助 GPS 对园林图片信息的精确定位和坐标转化以及矢量数据在 GIS 技术上的转换可以得到园林信息平台上的数据存储方式，并结合其属性信息表进行属性信息添加，从而构成近代园林综合信息数据集，完成近代园林图文数据信息采集工作。

2. 三维模型信息数据采集

三维模型信息数据是在传统二维基础上提出来的，当前 GIS 系统能够支持三维可视化软件建模进行数据可视化建构，也是对传统二维平面信息数据的升级与补充。传统园林基础信息数据仅包括图文影音等二维信息数据，而在 GIS 信息数据库的构建和技术的升级过

程中，三维可视化成为其中重要的部分。当前近代园林在各个研究机构和平台中除了对园域要素数据信息进行矢量数据文件记载外，还包括很多以三维模型对园域要素的仿真可视化实现。无锡近代园林信息数据采集中，三维模型数据信息是其中的重要一部分，主要以3dMax文件和SketchUp文件进行三维数据信息的建模，并在GIS技术分析中利用转换工具进行格式信息转换获得三维界面切换，能够在GIS系统中获得准确的地理坐标和类似地图三维可视化的精确园林信息。

近代园林三维信息模型的采集可以放在GIS技术平台之外进行，即收集无锡近代园林园域要素的三维模型信息，得到精确测绘后所绘制模型的第一手数据信息，这样才能作为信息数据库产品中对属性信息表的正确编辑，以及时更新最精准的三维数据信息。

3. *数字媒体信息数据采集*

数字媒体信息数据以视频、音频及网页网址等数据形式记载，收集渠道和图文信息及三维模型信息一样，从各渠道对无锡近代园林数字媒体信息进行采集。传统的视频和音频及网页信息更多地存在园林管理处，作为园林宣传广告效应存在，而在其他机构和设计单位更多地以保护更新规划设计等内容作为设计素材来源。等同于图文和模型信息，影视音频等数字媒体信息收集难度大，渠道来源不一，需要以一方为核心，进行多方向数据来源统筹与分析，并进行全面校对与检测，以保证园林信息的完整性与精准性。

（二）以近代园林园域要素为轴心，进行各园域要素现场调研

这一阶段是在前一阶段对无锡近代园林信息数据摸清家底的情况下所展开的具体园林园域要素信息的综合采集工作。具体包括对无锡近代园林数据需求框架中园域建筑信息、植物名木、场地地形、水系景观、园路体系、园域界定、设施小品等要素信息数据的采集工作。就其中每类数据信息而言，正如数据需求框架中的可交互和可叠加功能一样，对每类信息的采集须包括文本、图形、矢量图、模型、音频、视频、网址这几类的综合园域信息。完善此类数据信息过程不能一蹴而就，也不能套用相关园林数据，一切均以实际测量和现场调研为准则。在数据采集过程中，需要设置一定的时间节点，以保证对阶段性数据的准确度，尽量减少数据的误差给后期带来的修改工作。在GIS园林信息数据库中，其信息图层设置就是依据相关的园林信息整合与设置而成。各要素信息采集完成需要通过ArcMap、ArcCatalog等将格式转换成GIS数据库完整的园林信息要素数据格式，便于数据的处理与查询。

第二阶段的园域数据信息中最为重要的一部分除了对园域要素矢量数据的处理和图形

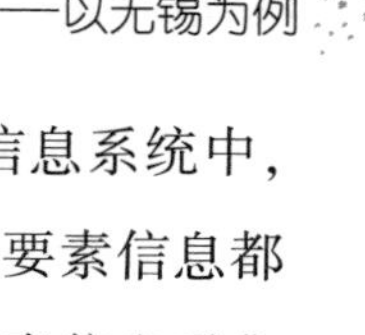

绘制外，其属性文字信息的采集，同样作为其中重要的一部分而存在于 GIS 信息系统中，而园域要素属性信息的收集同样比较杂乱，甚至在很多的部门所采集到的园域要素信息都和现实的场景及特征不符，从而需要重新采集与二次梳理。因此，在对园域要素信息采集及整理中需要将目标锁定在有用数据的范畴，从而更加便利地得到一套完整的近代园林基础空间信息数据集库。

三、园林信息标准化分类编码设计

就无锡近代园林空间信息数据库体系构建而言，完成对近代园林空间信息的采集工作后，需要按照一定的规范和分类标准对园域信息要素进行标准化编码设计。科学数字化的信息编码能够让园域要素信息更好地记载在 GIS 信息平台中，从而方便后续的管理与加载运营，为无锡近代园林的相关信息整合做好科学分类与管理计划。整个无锡近代园林空间信息数据编码需要遵循一定的设计原则，包括对编码的唯一性、编码组合的合理性、数据维护阶段的可扩充性，以及编码数据的简单规范性的相关准则。

（一）近代园林基本类型编码设计

无锡近代园林的基本类型和城市现代园林及城市绿地分类标准不同，它是一个独立的体系，其本身的类别和现代园林及其绿地不同，它有属于自己独立成体系的能力，包括其文化价值和城市发展的时间记忆。

无锡近代园林基本类型编码设计应围绕以下核心关键点进行：

第一，城市代码，以城市中文名首字母组成，例如无锡为“WX”。国内拥有近代园林的城市不多，所以以首字母命名设计能够更加科学和有效地管理市域界定。

第二，分类代码，由类别字母和序号组成，参考国家信息分类编码基本原则，以无锡近代园林为例，以“G”和类别序号组成，整体包括三个字符。

（二）近代园林空间要素信息分类编码

近代园林空间要素信息分类编码设计是在其基本类型的基础上对园域要素做出的分级式编码设计，它有自己的独立体系和相关范畴，是立足于园域要素基础信息上的进一步分层级编码。该类型编码设计和《城市绿地分类标准》以及《城市绿地设计规范》有一定的相似性，前者是在近代园林当前体系中进行的分类编码，而后者则结合了城市所有绿地的分类编码，包括历史建设绿地，当前建设绿地和未来规划绿地的综合属性编码设计，其中更多的是一种大类别的编码规范设计。而无锡近代园林内部的园域要素信息编码则是依据各个园林而言所进行内部园林架构，同时也参考《信息分类编码的基本原则和方法》进行建构。

在近代园林园域要素综合信息基础上展开对园域空间信息的编码工作，是以近代园林类型编码为基础，对近代园林进一步科学编码，具体包括对所属行政区域内的编码、园域要素信息编码和要素信息延展性序号编码等范畴。具体而言，无锡近代园林空间信息要素编码规范包括以下部分：

第一，二级分类代码。即对个别近代园林的编码设计，由两个数字字符编码组成。

第二，行政区代码。一个字符构成，主要针对无锡七个主要城区组成，对其中所涉及的近代园林展开编码。

第三，三级园域要素代码。两个字符组成，主要对近代园林内部建筑、植物、场地、水体、园路、园域和重要设施七个相关要素展开代码设计。

第四，四级园域信息代码。四个字符组成，针对具体园域要素相关数量和具体逐个信息的编码工作。

总之，无锡近代园林信息标准化分类编码设计由基本类型编码和园域要素编码两部分组成，数据编码规范由 14 位字符组成，构成对近代园林空间单体信息的精确化标准代码。

四、园林数据库结构设计

合理、高效的 GIS 近代园林空间信息数据库的结构应用设计是园林数据库建设中的重要部分，近代园林数据库核心建设问题主要包括以下部分：

（一）近代园林管理系统信息管理模式选择

B/S（Browser/Server）模式是在 Client/Sewer 模式基础上改进的一种简洁性操作界面。其开发、安装与维护无须在系统前端解决，且维护扩展性都比较优良，适合当前近代园林 MIS（管理信息系统）的发展趋势及多重技术和平台的高效运转与掌控，且适合近代园林各层级用户的灵活操控。B/S 园林管理信息系统的运用，可以方便地进行编程、数据库连接和 Web 站点管理，为开发基于 Internet/Intranet 的应用系统提供的一个理想平台。

（二）近代园林系统的数据库安全

当前很多信息数据库建设门户网站都是表层风光，实则不稳定，数据库安全容易受到

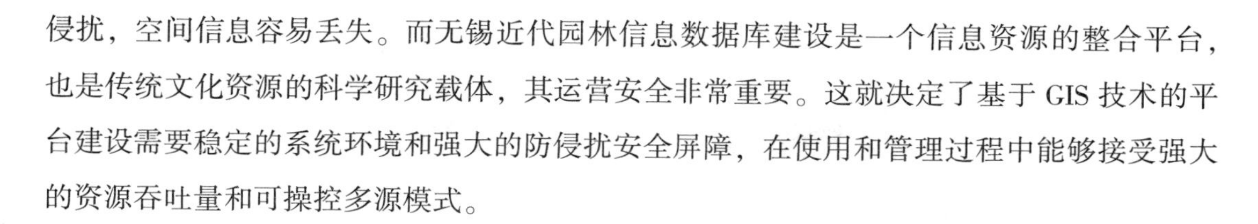

侵扰，空间信息容易丢失。而无锡近代园林信息数据库建设是一个信息资源的整合平台，也是传统文化资源的科学研究载体，其运营安全非常重要。这就决定了基于 GIS 技术的平台建设需要稳定的系统环境和强大的防侵扰安全屏障，在使用和管理过程中能够接受强大的资源吞吐量和可操控多源模式。

（三）近代园林管理系统的网络安全

网络安全是当前数字化时代的敏感地带，对于近代园林信息数据库的运营和加载尤为重要，作为城市文化遗产资源的一部分信息平台，园林空间信息的管理和调取使用都包括在内。近代园林管理系统虽然作为一种公益性质的服务平台，但网络是现代社会进化过程中的重要一环，该平台更需要对网络安全对其使用的相关模式做好维护探讨，包括基于 GIS 技术的园林信息平台中的保密性、完整性、可用性以及可控性四个方面。一方面是数字平台建设的技术完整性，另一方面是信息平台园林空间信息的保密可控性。

第二节　园林景观二维空间信息数据库设计

无锡近代园林二维 GIS 空间信息数据库总体系是基于 GIS 技术平台基础上，结合相关系统理论与方法建构，由二维近代园林空间信息数据总库、二维近代园林空间信息数据子库以及 GIS 技术平台基础上的相关数据图层组建而成，总体思路延续从整体到局部的设计思维递推。从二维空间信息数据总库下分为市域空间信息数据库和园域空间要素信息数据库两个主要二级子数据库目录。

从市域园林空间信息数据库出发，第一部分以别墅式园林、宅第式园林、寺庙园林、宗祠园林和公共园林五类组成市域近代园林类型数据库，并以此为基础，按其发展历程和周期选取重大园域变化的相关时间节点，作为 GIS 二维信息数据平台的信息整合，从各重点时间分段整合近代园林各类别相关园域变迁信息。第二部分则从重要时间节点变迁为核心，选择三段差异化较大的时间节点为基础，通过信息整合，从存在与不存在的角度对无锡近代园林的三个重要时间节点进行信息摸底，将近代园林的阶段性存亡信息点以 GIS 信息数据模式记载下来。两个部分的二维空间信息数据皆以点要素数据形式存在于 GIS 信息数据存储平台，依次进行属性信息的整合与完善。

从园域空间要素信息数据库出发，则以单个近代园林为基础。同时，基于三段重要园域要素信息衍化变迁形式对单个园林内部建筑、植物、特殊场地、水体、设施小品及园路体系等相关要素信息进行分层可视化展现，通过时间的变迁和园域子信息结合成为图层，直观展现相关园域变迁概况，其中所涉及面要素、点要素、和线要素三种 GIS 数据存储要素由信息点组建而成。

一、近代市域园林信息数据库设计

从无锡近代园林市域信息数据库出发，基于二维 GIS 信息平台设计为以下信息图层：

第一，一级图层以无锡近代园林类型划分定位展开，并将五个类别的近代园林依次划分为同级别的二级信息图层。同时，基于各类别近代园林信息图层择取三个重要时间节点定位设计园域点要素（1930 年、1949 年、2017 年），从而作为三级图层存在。通过无锡近代园林市域信息数据库技术载体平台，利用分层级、分类别、分时段展开对市域近代园林的管理，借助该平台可以轻易获取无锡近代园林各时间段位中不同类别的近代园林发展变迁状况，从而做出综合评价与分析等后续工作。

第二，与无锡近代园林类型定位图层平级进行的另外一个一级图层则以重要时间年份定位划定，可以通过不同时间年份清楚看到无锡市域园林的存在与否等相关信息。借助无锡近代园林发展三个重要时期（1930 年、1949 年、2017 年）节点作为二级图层的划定，并以时间内容为主的二级图层下分为存在与不存在该内容的三级图层，即通过该时间节点的一级图层过渡到不同年份所能掌控无锡近代园林的市域综合信息存在与否的综合 GIS 界面生成图。

第三，除二维 GIS 近代市域园林子数据库分布图外，完成近代市域园林基本属性信息表是其中另外一项重要内容。通过连接、关联及超媒体等媒介方式展开对每个二维子数据库界面信息属性表的完善工作，即通过各个市域园林分布图层，择取其中的近代园林基本属性信息的编辑与管理，通过 GIS 自带属性信息表，以园林名称、建造时间、基本类型等分类展开对近代园林属性信息的编辑工作，对各个字段信息可灵活进行可持续增减与更改。作为一种可持续利用属性信息表，可以在后续的近代园林发展与更新中灵活进行市域信息的填补与更新等相关工作。

二、近代园域空间要素信息数据库设计

园域空间要素信息数据库是指无锡各个近代园林在不同时期发展演变的园域信息资料集，也可称为单个近代园林在不同时间节点的综合园域要素空间信息档案库。该部分研究

以无锡代表性近代园林横云山庄为例，展开研究与信息数据构建，具体如下：

横云山庄近代园林从初建到发展至今，整体上在无锡近代园林体系中保护与发展算是比较完整的部分，因其园域要素信息繁多，经过数次更新与改造，相关时间节点的历史信息数据大部分处于丢失状态，作为研究管理人员而言，很难建立一套完整的各时间节点园域信息充分的信息数据库。本研究依然采取和市域园林类似的分析与操作方法建构，通过择取横云山庄发展差异化较大的四个主要时期节点（1920 年、1930 年、1940 年、2017 年）为主的四个时期，前三个时期主要在扩建阶段，后一个时期重在发展更新织补阶段，以此进行横云山庄不同年代的数据信息梳理与数字化处理，从而将园域空间要素信息的变化和统计构建其中，完成对相关 GIS 园域二维空间信息数据库结构建。

横云山庄近代园林园域要素空间信息数据库按照四个不同时间年份，基于 GIS 平台下分为四个同级化一级图层（2017 年近代园林横云山庄—1920 年近代园林横云山庄）；基于各个年份节点一级图层就园域空间要素组成部分下分为七个园域要素信息二级图层，包括园域边界和园林道路体系为主的线性空间数据；园林特殊场地、水体景观、小品设施、主体建筑和群植名木为主的面状空间数据，以及单株古树名木为主的点状空间数据三种类型，分别以二维数据形式存储于 GIS 空间信息界面。

就近代园林的发展周期和演变历史而言，现状园域要素信息是各个时间节点中最容易获取的，其准确性和历时性较为可观。园域要素属性信息建构以当前近代园林的园域要素信息为主，以部分采集获取到的历史园域信息共同组成单个近代园林要素属性信息表为辅助。园域要素属性信息由园域边界、特殊场地、园路体系、水体景观、小品设施、主体建筑和古树名木七个部分组成，而要素属性信息表的编辑与字段增减分别以单个园域要素进行。以横云山庄近代园林主体建筑为目标，通过相关字段数据信息完成其属性信息系统的组合，其中，除了主要编码和相关名称外，还包括建造时间、层数、风格形式、最初功能、建筑高度、当前功能、维护程度和现存状态等组成 GIS 平台园域要素属性信息表等内容结构。同时，可通过 GIS 技术平台的识别工具单击或拖框识别地理要素（即单个建筑）的详细属性信息完成对单个园域要素属性信息的识取。

第三节　园林景观三维空间信息数据库设计

数字景园建设理想下的数据库，作为地理信息系统的一种新的发展趋势，当前二三维空间信息 GIS 数据库的发展以一种双导向的方式传递着，具有各自的优势与不足，显然三维与二维空间数据库相比具有更多的优势，无论从空间体感接触，还是视觉信息传达上都以一种立体的语言发挥着二维无法企及的综合体验效果。即使二维数据库更多时候较之于三维数据库存在更直接与便利的优势，但两个类型的空间信息数据库仍有属于各自的优势，而在后续的研究中人们更希望一个同时囊括二三维 GIS 功能，在主体二维基础上引入三维 GIS 分析展示功能，并将该一体化设计思想更好地运用在近代园林发展与规划中。

一、近代园林三维 GIS 空间信息框架设计

可视化一直是 GIS 研究的重要领域之一，三维 GIS 将二维数据置身于三维场景下进行数据可视化管理及空间分析，借助于 GIS 技术平台下的数字工具合理构建。必须严格遵循《三维地理信息模型数据产品规范》《三维地理信息模型生产规范》《三维地理信息模型数据库规范》等相关技术规范中关于三维地理信息数据获取、加工处理、建库模拟的具体要求而进行建构。整体思路延续以无锡近代园林三维 GIS 空间信息数据总库——历史、现状和规划三个近代园林三维空间信息数据子库——园域各空间要素（三维虚拟模型和园林属性信息）信息数据集的形式架构。具体包括以下部分：

（一）近代园林历史三维空间信息数据库

近代园林历史空间形态相关数据信息分散、丢失严重，数字信息化复原研究是构建历史三维空间信息数据库的重要部分。历史三维近代园林信息数据库是指在近代园林各历史阶段所生成的园域空间形态、园域要素变迁信息和空间要素信息基本数据的整合与三维可视化建构。历史空间数据信息收集困难，采集难度大，资料来源零散，没有充分的印记和资料能够完整地复原。一般通过园林空间要素局部历史资料信息采集与数字化处理，基于 GIS 和相关三维建模工具完成对历史园域要素的空间三维可视化构建工作，包括地形、建筑、水体、名木、场地、道路和其他辅助空间信息的单个或整体三维可视化及所属属性信息的采集编码工作，复原一定年代背景下的近代园林历史场景。

（二）近代园林现状三维空间信息数据库

现今，无锡近代园林的三维可视化数据信息库的研究构建相对于历史三维信息而言较为容易，即通过对近代园林的现状测绘（包括人工测量、航空摄影测绘、激光数据信息采集等方式）与数字化处理完成对园域要素信息的基本三维属性信息采集工作。基于这一点

完成了对无锡主体近代园林连续三年的相关园域要素信息的数字测绘与属性信息的采集工作，同时，绘制了相关园域特殊场地和单个建筑及组团建筑的三维可视化空间信息处理，并且尝试通过三维空间的虚拟生成，对比历史图文信息及联系未来规划更新三维信息所位处的中间环节，对近代园林的当前园域要素研究和未来发展研究起到了重要作用。依托相关数字测绘工具和成果，通过图文基础信息进行矢量化处理，并借助三维建模软件 SketchUp 和 GIS 三维分析工具，完成对近代园林近阶段空间信息的三维数据库局部信息整合工作。

（三）近代园林规划三维空间信息数据库

当前，近代园林的发展转入一个新的时期，在城市文化遗产原真性保护原则和数字化景园建设的目标体系下，更新发展成为一条清晰的轴线。而基于近代园林现状三维空间信息数据的基础上，更新则以其为基点，配合相关更新规划平面图和相关设计更新矢量图进行数字化调整，借助三维建模工具和 ArcGIS 三维分析工具进行三维空间信息数据的整合，完成对近代园林规划三维空间信息数据库的构建工作，从而充分利用 GIS 技术的可持续编辑与存储更新等功能，具体包括更新规划三维空间信息的属性信息资料集和园域要素地形、建筑、水体、名木、场地、道路及其他辅助空间信息的三维数据文件，综合完成 GIS 技术下的可视化三维近代园林要素信息数据数字化生成等成果。

二、近代园林三维 GIS 空间数据运用程序

园林空间信息数据三维可视化运用程序需要按照一定的原则和步骤进行，通过对园域要素原始空间数据与属性数据资料的获取，借助行业内部相关数据矢量化处理工具进行编辑绘制，完成相关园域要素的矢量数据格式；从而通过 GIS 技术平台加载 3dMax 或者 SketchUp 与 ArcScene 进行数据之间的连接与建模可视化，其中，包括一系列正常建模与数据格式处理的可交互与可编辑，最终实现三维空间数据的切换与管理，在 GIS 空间界面生成二维数据无法实现的三维空间虚拟载体。

（一）近代园林三维空间信息模型虚拟生成

1. 数字测绘信息采集

三维数据可视化的第一步在于对园域要素的信息采集，通过精密测绘仪器和传统法式测绘方法展开对数据的量测，其中，包括对二维属性信息的可交互使用，通过 GIS 技术平

台数据库中的属性信息管理，对其中可利用相关属性数据和空间数据进行直接调取与采用，并且就模型空间信息的类型不同而展开对历史三维空间数据、现状三维空间数据和更新三维空间数据的不同操作与使用。

2. 数据矢量化处理工具

通过数据采集完成数据数字化的处理工作。这一部分在二维空间信息数据库和基础图文信息数据库中即可调取（已完成的前提下）。除基本数字工具外，ArcGIS 同样具备制图矢量化处理功能，以建筑信息为例，通过对建筑平立剖等数据矢量信息的数字化处理，完成对二维信息表达。

3. 三维虚拟模型建构生成

无论采用 3dMax 或者 SketchUp 三维建模软件，都需要第一步在 ArcGIS 桌面平台加载某个市域近代园林的矢量图（CAD 文件）。另外，针对无锡近代园林尺度和相关范畴较大，前期相关数字模型生成及后期维护更新等综合考量，采用 SketchUp 的构建方式更为高效可观。通过 SketchUp8.0 以上 ESRI 插件更好地实现 SketchUp 间接支持对 shape 格式数据的操作，与 ArcGIS 实现数据可交互。具体为：在 ArcGISDesktop 中通过 SketchUp 8.0ESRI 插件将所需的要素导出到 SketchUp 中，进行三维场景建模，对模型表面进行纹理或贴图处理（真实场景化），建模结果以 MultiPatch 数据结构存入 Geodatabase 数据库中，完成对近代园林空间信息三维可视化的输出与交互。

（二）近代园林三维空间信息辅助决策与规划

基于 ArcGIS 技术载体所创建的近代园林园域空间三维场景方法与二维数据载体异曲同工，都是以图文影音数据、场地地形空间数据、园域相关要素（建筑、古树名木、水体等）空间数据以及模型空间数据等获取为前提，通过 GIS 技术平台进行数据转化、数据编辑和地理坐标配置等完成对三维空间数据的管理和存储。在实际决策与规划过程中，该三维虚拟空间信息一方面作为文遗档案系统存储外；另一方面主要就近代园林体系下的整体三维概观能够通过技术平台三维展示，作为规划决策人员更好地直观审查与判断，同时，对于规划设计专业人员来说，能够用专业的视角去衡量其现实与规划的可行性评估；从文化旅游和社会商业学的角度而言，三维可视化的构建能够将无锡近代园林的文化遗产置身于世界的角度，用广阔的视角让更多的未曾谋面的欣赏者实时了解无锡近代园林的虚拟仿真魅力。当然，在 ArcScene 环境下的三维空间信息还能进行除浏览之外的空间测量与可视化分析等相关专业功能。

第四节　园林景观空间数据库应用与推广

无锡近代园林 ArcGIS 空间信息数据库的建设成功，无疑是风景园林行业在当前发展的重要阶段性成果，是数字景园建设理想下对园林景观行业的潜在性要求。针对具有历史文遗和自然环境双重价值的无锡近代园林发展来说更是如此。ArcGIS 园林空间信息数据库的建设与管理，将是从全生命周期发展角度以可持续数字化运营的方法及理论将无锡近代园林的综合发展置身于一个新的端口。与此同时，在传统设计思维和管理方法运营下的风景园林建设在当前数字化时代所遇到的瓶颈越发明显，用新的思维方法和技术手段以及相关交叉学科设计理论为无锡近代园林的发展注入新鲜血液，使其可持续更新与发展。

ArcGIS 无锡近代园林空间信息数据库的成功构建是当前设计学科和技术载体新融合的必然趋势，将会在无锡近代园林及其他区域范围的近代园林及风景园林研究和发展中产生诸多的价值属性，包括经济价值、社会价值、文化价值。该数据库的实现对园林景观行业的后续发展产生更为直接的综合应用价值。基于 GIS 技术的无锡近代园林空间数据库的应用与推广主要由两个部分构成：基于市域园林基础上的应用推广与基于区域园林基础上的应用推广。和地域范围界定有些许差异：前者涉足的重点以无锡市近代园林体系为核心，展开后续园林数据库的完善和数字园林的综合建设；而后者以区域为基点，将相关的成果及设计思维运用于其他区域的近代园林及同类化风景园林的建设与推广，从而使其一方面发扬无锡近代园林的多重影响价值，另一方面为风景园林行业的发展提供更多的可持续利用视角。

一、基于市域园林基础上的应用推广

基于 ArcGIS 技术的无锡市域园林空间信息数据库的应用与推广主要包括完善近代园林类型空间信息数据库构建、开发近代园林规划辅助决策功能、建设无锡近代数字园林应用体系三个部分延展相关应用设计与推广研究。数字的全球化和设计应用拓展导致了新的联系产生，不再仅仅限于学科“中间”，也不能用“交叉”学科来衡量，甚至不能再认为它包含一个“完整的”统一的系统；事实上，数字生成了一个“别的”维度，以至于我们现在需要考虑把另类学科性或无学科性作为未来设计最有效的方法。对无锡近代园林 ArcGIS 空间信息数据的设计与实现研究更多的是以近代园林群来作为实现的对象，基于无锡完整的近代园林体系，当前更多的是以技术理论和多学科融合方法做出相应的初步分析，数据库的建设与利用仅仅是数字园林体系下单独以 ArcGIS 作为实现工具所存在的凤毛麟角，数据库的应用与推广在后续风景园林的可持续规划发展中还有更多的研究方向与发展空间。

（一）完善近代园林类型空间信息数据库构建

基于 GIS 技术的无锡近代园林空间数据库设计与实现研究，重点研究当前无锡近代园林在空间信息数据库建设体系中的空白点所做出初步理论构架与技术实现，就完整系统化的近代园林空间信息数据库的搭建与实现而言还需要更多方面和相关渠道的努力与配合完成该项计划。

自然与人作、建筑与人文兼容并存的格局下，无锡近代园林的精髓远不止于近代园林群。造园者充分利用太湖、蠡湖之滨，惠山、嶂山之麓；运河、梁溪之畔的优越自然地理环境规划设计而成的各类别近代园林组成的无锡近代园林特殊体系，在江南近代园林史上具有重要的代表性。近代园林 GIS 空间信息数据库的设计实现以无锡近代园林类型为导向，基于不同时间年份的园域空间数据信息而进行采集与建库，最终完成数据存储和信息数据可视化的整体研究。多类型价值体系下的无锡近代园林在可持续更新与维护视角下的发展往往差异化明显，在不同时间节点的数据采集和空间信息调取中也因园林类型、开发程度、当前利用度等认知空间的差异性而存在一定的局限。

完善近代园林类型空间信息数据库构建的设想正是基于标准体系下就其初步理论构建与技术实现的维度上对无锡市域园林所提出的全局性推广，是关乎园林管理局、城市设计规划院、高校研究机构、设计企业、风景园林学会、文化遗产保护部门和旅游价值属性开发单位为团体的利益相关者与责任相关者，是数字景园理想下基于当前不平衡的园域空间信息整合基础上向未来延展的共同使命。

就当前无锡近代园林相关类型的空间、属性数据信息而言，现阶段园域空间要素采集较为容易，涵盖建筑、场地、植物、边界、水体、小品设施等在内的重要园域要素，皆可通过数字工具和人工采集的办法完成对园域空间要素信息数据的采集。相对于别墅式园林和公共园林，无锡园林局及规划单位对该部分园林整合较为完善，而对具有同等价值地位的寺庙园林、宗祠园林及宅第园林而言，信息数据的获取如同其认知度一样，主要归因于该部分园林价值属性和认知程度不够而存在一定的差距问题，加之较为封闭性，甚至不对外开放的现今劣势，使其发展逐渐停滞，对园林空间信息数据的获取与可持续维护仅停留于当前，无法保证信息数据的完整与可持续更新。同时，回顾过去几个时代，基于市域园林基础上的信息数据完整获取也是重要难题之一。

从城市文化遗产保护的渠道针对园林的历史重要档案资料进行整合与建库，从方法到应用的技术路线完成对园林的谱系学研究。这一重要思想是结合文化遗产的理念下收集并分析重要资源信息，通过数据的采纳与集成，完成对数据库的构建，对后续的保护与应用提供强大的资源文库。因此，从无锡近代园林的全生命周期发展出发，用建构主义视角的方法完善无锡近代园林各类型、各园域空间信息数据，借用各团队和技术媒介整合该部分数字文遗档案，完善无锡近代园林类型空间信息数据库构建成果，为保护多价值建构体系下的无锡近代园林提供量化依据，搭建一座从理论技术到实践转化的重要桥梁。

（二）开发近代园林规划辅助决策功能

无锡近代园林 ArcGIS 空间信息数据库系统的实现，能够通过 GIS 空间地理信息平台将无锡近代园林园域空间信息通过电子界面完成信息档案系统管理。基于该数据库系统形成了一套完善、合理的园林文化专题数据更新与维护规则计划，在其用户群体中，根据每类人群及其相关个性化需求，对不同条件范围下的群体提供相关服务。开发近代园林规划辅助决策功能即是基于无锡近代园林空间信息数据库成果建设基础上衍生的推广与实际应用。

ArcGIS 电子界面是由诸多的信息可视化地图完成的数据管理，除了完成基本园林空间数据档案管理外，其后续的矢量园林数据信息 ArcGIS 空间分析也是其中重要的功能属性。ArcGIS 矢量数据的空间分析包括缓冲区分析、叠置分析、网络分析等。除此之外，ArcGIS 还包括对栅格数据的空间分析以及单独设置的三维分析，通过三维分析可完成在 ArcCatalog、ArcMap、ArcScene、ArcGlobe 平台下的三维数据管理与可视化。

近代园林规划辅助决策是充分利用 ArcGIS 系统应用中提供众多分析工具的有效手段。无锡近代园林的后续更新与发展是风景园林大尺度景观背景下的可持续实践，GIS 技术的应用可以渗透在园林规划辅助决策的各个环节，包括对近代园林现况场地综合分析、基地信息的综合处理、土地利用状况叠置分析以及公共设施及建筑体系的综合评价等层面。从园林更新设计具体层面而言，GIS 能够完成图片、文档资料和数据图表等园域空间信息的编制，并且相对于传统数据统计处理和分析工具 MicrosoftWord、ArcGIS，在管理与统计分析上有较强的专业性，能够实现空间信息数据和属性数据信息同时匹配与使用。利用分析地块便可以将各种空间数据较为精确地显示呈现，在一定程度上组成所需图文信息的重要部分。同时，各类园域数据可以与空间相关属性信息通过相关的超链接，及时、准确地将各类数据与图表信息在空间界面可视化的基础上完整映射，并通过相关图层的叠加与Arc-Toolbox分析工具完成ArcGIS技术下的园林规划辅助分析与决策功能。

景观设计及相关设施更新是近代园林后续发展中不间断面对中的一个可持续问题，是景观信息模型语义框架中对数字园林和园林数据库建设体系下的最新要求，同时也是基于园林当前利用状况不佳所做出的科学计划性规划。园域景观规划设计适宜性评价路线是利用于无锡近代园林空间景观设计与更新的重要技术路线，是基于ArcGIS空间信息数据库相关规划图与专题图分类基础上，通过选取评价因子和评价指标完成评价因子数据库，利用GIS空间与动态性适应评价与分析手段，并根据AHP计算因子权重和评价因子适宜性图，以GIS叠加分析功能综合完成无锡市域近代园林适宜性评价图，最终通过该图的相关数据评价和可视化生成产生近代园林园域规划相关科学建议与规划路线。并通过园域景观规划设计适宜性评价路线的相关流程，打破以往纯感性化园林规划设计思维，利用技术指标和科学因子基于ArcGIS数据库和分析工具完成对园域景观及设施空间的规划与更新，是定量分析的重要成果。

在构建无锡智慧园林门户网络中，ArcGIS技术能够起到一定的分析决策作用。从园林景点监测、客流量监测、遗产监测、视频监控、安保信息查询、地图查询和统计分析等多维角度，利用ArcGIS信息数据平台完成对相关图层数据的分析与制图，从而能够在近代园林的后续业务系统中提供一套完整的数据分析资料，包括园林绿化工程项目管理、风景名胜区监管信息系统以及视频预防性动态监测等方面。通过硬件层面的设备和定性定量结合的数据库分析，可以完成数字园林目标设想下的基础地理信息共享平台的综合建设，实现ArcGIS技术下的辅助决策与分析功能的外延及可行性拓展。

（三）建设无锡近代“数字园林”应用体系

科学、技术与艺术是传统风景园林建设的三大重要部分，而数字园林是在传统园林基础上结合数字与信息化时代成果，包括技术媒介、软件工具、相关操作方法及设计流程与理论等对园林全生命周期的维护管理和更新发展。其宗旨是对自然园域要素（气候、场地、地形、名木植物、水体、建筑、道路体系等）和人文历史园域要素（历史沿革、阶段形态、空间特色和名人典故等）所组成的近代园林空间信息通过数字化手段处理与维护等多种方法对近代园林进行全方位、多渠道、智能化、时代化的相关更新规划。一方面利用科学技术化成果，对近代园林空间要素信息进行整合与管控；另一方面利用智慧园林的理

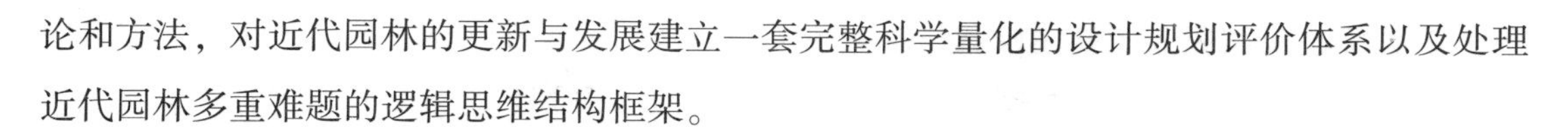

论和方法，对近代园林的更新与发展建立一套完整科学量化的设计规划评价体系以及处理近代园林多重难题的逻辑思维结构框架。

无锡近代园林是在特殊的江南古典园林基础上结合近代太湖山水环境综合发展而来，其庞大的园林体系和多重文遗价值成为当前风景园林行业的瑰宝。上一个时代对近代园林的保护与更新提出了相关研究理论和方法很难适用当前所需，而数字化造园与更新的科学设计思路及技术依据正在如火如荼地进展，为风景园林行业的更新规划设计研究提供科学的设计思路和理性的分析工具。特别是针对无锡近代园林多尺度、多要素、多类型的园林空间后续规划发展而言，强大的数字化分析工具和相关平台显得尤为重要。

在这样特殊的发展背景下，无锡近代园林不仅从数字规划设计出发，更多的是从无锡近代园林全生命周期发展各阶段中通过信息数据化成果、技术设计载体和科学理性分析工具与流程考虑园林可持续发展与规划设计，科学完成近代园林发展与规划的相关成果。综合而言包括：①近代园林空间信息数据库构建；②近代园林管理板块；③近代园林更新板块等内容所组成的无锡近代数字园林建设板块。

从无锡近代数字建园技术载体出发，合理、有效的数字园林载体技术平台是填补近代园林数字化发展的短板；另外，无锡近代园林数字化发展实践是依托数字化时代下的技术成果和相关载体阶段性进行。其相关标准和具体类别当前可分为以下部分：

第一，园林空间信息数字化整合。通过 AutoCAD、Phtoshop、Adobe Illustrator、3dMax、SketchUp 等数字工具完成对园域要素矢量及模型信息的数字化信息整合。

第二，园林数字信息管控平台。通过 Microsoft Acess2007，Word \ Excel，ArcGIS，以及 B \ SCBrower \ Sewer、C \ SCClient \ Sewer 等数字平台完成对园域图文影音和二三维空间要素信息的管控与维护。

第三，数字化规划设计载体。通过流体动力学分析能够将场地范围内的潮汐、河流湖泊、洪涝及水体景观及水体污染物扩散指数等综合考察在内针对无锡近代园林所依托太湖大尺度水景及部分引流所产生污染及相关二次规划水景所做出数字定量分析。另外，就近代园林场地范围内的日照、光合有效辐射和风环境适宜度理性分析，并对当前构筑物及建筑应用范畴中的数化设计所带来的变量与重构方法做出可行性规划等。

除此之外，近代园林的数字化发展与更新规划是以信息化景观信息模型语义研究框架基础上的科学评价，是针对其中所涉及的相关流程及方法展开全方位和全生命周期内的近代园林科学理性化发展体系。

通过无锡近代数字园林建设体系构建，将近代园林的文化遗产通过 ArcGIS 以及更多相关的数字化工具完成园林建设和技术载体维护更新的阶段性工作，并通过无锡智慧园林综合信息门户网络的发布，从业务数据库、空间数据库，业务系统、共享平台，相关数据统计分析与管理综合完成智慧园林的网络发布和集旅游、管理、更新、遗产、数字化、可交互于一体的无锡智慧园林门户业务数据模型体系。

二、基于区域园林基础上的应用推广

无锡近代园林空间信息数据库的设计与实现正是在当前跨学科、多技术环境围绕下对传统园林文化艺术设计学科所做出的创新探索，是基于城市文化遗产保护视角、风景园林数字化发展、近代园林遗产阶段性保护与更新多维视角下的应用与实现。无锡近代园林是江南地域范围内近代园林开发聚集地，是近代园林保存利用较为完整的核心区域，有重要的代表性意义。数字景园建设格局下的无锡近代园林空间信息数据库设计与应用对相关区域范围内的近代园林更新和数字化发展提供了更多的指导意义。基于区域园林基础上的应用推广主要包括建立区域近代园林 GIS 空间信息数据库、科学维护与规划管理近代园林系统、加强近代园林 GIS 数据库平台互动模型设计三个重要部分。

（一）建立区域近代园林 GIS 空间信息数据库

信息系统对设计的支持在当前及未来很长的一段时间都具备有非凡的意义和研究价值，是基于信息数据库基础上对设计的可交互支撑。要理解信息系统如何为设计过程提供支持，需要充分理解设计思维是如何在这个过程中产生的。GIS 空间信息数据库系统就是通过运筹学研究工效学、系统学等理论。基于多数字技术引导下对近代园林的利益共享者做出系统性研究，这些利益共享者包括：决策者/领导，项目执行者/管理者，项目受益人/客户，以及更广泛的群体等囊括于近代园林空间数据信息系统。其中参与研究的重要性不仅仅局限于设计构架领域，而是通过所有利益相关者的关联和交流，为交叉学科体系下的近代园林文化遗产可持续发展提供更多的建设性引导路线。

江南近代园林和上海及武汉的近代公共公园相比较而言，虽然都处在同一时代背景下所构筑及后续发展所衍生的价值遗产，但是前者侧重于对城市文化和城市记忆的文化遗产表达；后者则带有一定的商业属性和更浓厚的中西现代文化气息。近代园林是一种文化，是一种影响地域组构与形态生成的文化因子。作为代表性城市，无锡近代园林 GIS 空间信息数据库成功建设，一方面无疑为城市的文化遗产档案数据库完善和后续园林的科学规划更新产生重要价值；另一方面将会为区域近代园林的数据库建设和完善提供借鉴意义。

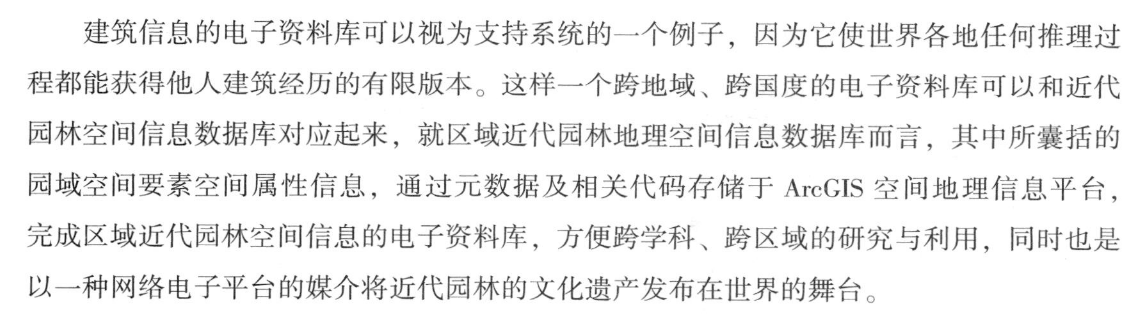

建筑信息的电子资料库可以视为支持系统的一个例子，因为它使世界各地任何推理过程都能获得他人建筑经历的有限版本。这样一个跨地域、跨国度的电子资料库可以和近代园林空间信息数据库对应起来，就区域近代园林地理空间信息数据库而言，其中所囊括的园域空间要素空间属性信息，通过元数据及相关代码存储于 ArcGIS 空间地理信息平台，完成区域近代园林空间信息的电子资料库，方便跨学科、跨区域的研究与利用，同时也是以一种网络电子平台的媒介将近代园林的文化遗产发布在世界的舞台。

综合而言，区域近代园林 GIS 空间信息数据库的优化及成果是依托无锡园林数据库的建设与实现的基础上做出的区域园林应用推广。当前该方面建设处于较低水平，还需要多技术、多部门、多机构的研究与配合，从而更好地实现这一文化与技术成果。

（二）科学维护与规划管理近代园林系统

数字景园理想下的近代园林发展是基于近代园林文化遗产更新规划视角下的前瞻性建设，其目标是打造城市数字园林，用智慧城市及智慧园林的理性将近代园林全生命周期各时间段位的发展摆在优先的位置。

1. 整合管理空间园域信息

园域空间信息的整合是依托数据库平台建设而存在，当前近代园林缺少独立存在的园域要素空间信息数据库，而基于 GIS 技术的园域要素空间信息数据库的建设成为当前近代园林发展的重要部分，它能协助近代园林文化遗产的整合，同时也能为园林后续的更新提供一套从近代园林的历史、现在到未来的完整性参考信息。ArcGIS 平台能够实时管理近代园林的园域要素空间信息与属性信息，完成对近代园林二三维空间信息数据的整合管理，其要求是存在于以近代园林为核心，将园林类别体系下的建筑、植物、场地、水系、道路、设施等构建相应的数据集，并采用分类编码的规范标准对图文影音和数据虚拟模型进行采集与管理，完成对近代园林各时间节点范围内的空间信息数据库建设工作，方便后续园林可持续更新与采集。

2. 科学技术化手段更新规划设计

风景园林行业一直以传统定性思维方式和设计流程展开对场地的分析与规划设计，用经验化的成果和辅助设计软件完成对各个景观园林的更新与规划工作。信息化时代下的设计行业宛如一个新时代的到来，一改传统设计思维方法和技术载体，用新的技术和理性分析工具完成对风景园林行业内的自然要素定量化分析，并借助相匹配的技术媒介完成对景观及建筑领域的相关设计工作。当前除了以 ArcGIS 这一比较成熟的技术载体进行分析架构外，其 BIM（建筑信息模型）同样更多地应用在建筑行业。除此之外，形态自生成技术、人机交互技术以及数控加工技术的相关数字建造同样适用于风景园林行业，完成对风景园林虚拟仿真三维可视化实现，借助这些科学定量的分析工具和技术平台载体能够全方位、多时段地使风景园林建设破除传统艺术化造园的局限性，通过相应的虚拟建构和数据库建设完成对近代园林的后续保护与更新。这一与时俱进的多维技术载体能够突破园林建设与规划的感性思维，能够提高近代园林发展更新的效率和科学性。

3. 完善近代园林各阶段性成果

近代园林空间信息数据库建设实践难以完成的一个重要部分就是当前无锡近代园林各园域要素更新时间和渠道来源不一，很多重要属性信息缺乏准确度和相关规范，重要园域要素信息未完成数字化测绘与矢量化存储等工作。基于当前近代园林数字化信息矛盾，正在展开对近代园林的相关学术研究，从而更好地完成对近代园林各阶段性成果整合。近代园林的另一难点是由于发展不平衡所导致的某些近代园林更新频率和资料信息整合度差异化明显，从而给近代园林各阶段数字化信息的完善带来不便。基于这一点，风景区管理中心、规划局档案馆、风景园林专家与部门、更新规划设计施工单位及园林管理人员需要组成园林阶段性成果整合核心团队，能够以阶段性更新时间节点为基础，进行园域空间信息的实时监测与信息平台的阶段性更新，以完成对园域要素信息的可交互、可编辑与可视化相关成果，逐渐完善近代园林各阶段的最终成果。

（三）加强近代园林 GIS 数据库平台互动模型设计

近代园林 GIS 数据库平台的重要使用人群除了管理决策者、园林规划设计者外，还有很大一部分群体是普通客户用户端，这部分人群可通过智慧园林门户网络数据库子端口相关链接进入，即可基于 GIS 空间数据界面基础上通过相关互动模型加载近代园林的空间要素及三维可视化数据信息的显示来完成相关园林信息获取，以便通过 GIS 技术媒介超时空完成对近代园林的相关感知。通过技术媒介理性化构建，一方面，能够完成普通用户端的多维获取数据模型渠道；另一方面，能够将园域空间信息通过对外网络发布的媒介将近代园林这一文化遗产推送世界的信息平台，起到更好的宣传效果。

以 GIS 技术为媒介，配合其他数字媒体构建工具，通过设计思维与设计工具的交互可以开发出更好的景观可视化信息模型。3D 可视化交互园林景观模型是通过理性设计思维和相关辅助计算机媒介完成的可视化模型设计产物，是风景园林行业发展的阶段性突破。以交互可视化模型为基础结合园林景观环境分析，并根据拟定环境限制条件、规则、参数设置以及景观设计者的设计思考，借由反馈设计过程，更改参数与规则，生成多种可选方案，记录设计数据，避免设计思考过程的断裂，再经由园林景观设计者选定结果，从而构建出一套具清晰思考逻辑的景观设计流程。通过3D可视化交互园林景观模型，借助ArcScene完成界面三维数据可视化的相关模型互动，能够通过虚拟真实场景的方式映射近代园林空间原型。与以往动态视频的表达方式所不同的是，该方法可以通过类似VR技术随时随地获取近代园林具体角度的空间属性信息。

基于近代园林文化旅游的空间信息服务系统设计是互动模型设计与实现的另一成果。空间信息服务系统是基于当前近代园林文化旅游开发的必要性前提下所产生的交互服务系统设计，是从旅游产业、系统功能、现有技术、系统可行性等方面对系统需求分析所确定的系统总体架构。通过多媒体技术、数据结构、服务设计媒介与数字化载体以园林数据库技术研究所开发的旅游空间信息服务系统。空间信息服务系统是智慧园林综合信息门户网络体系下，供管理者和群体用户以及旅游群体进行园林空间信息查询、分析与检索的服务式交互信息旅游服务系统，是一项以生态保护为目的的近代园林旅游管理开发数据库服务模型设计。

近代园林旅游网络地图也是以一种交互服务媒介的方式打破以往纯纸质化旅游地图和静态导视系统的管理，是近代园林及风景园林在和游客及用户的对话中将一种自主开发引导式设计思维理念，通过地图学、旅游学、美学、心理学所融合的理论基础运用设计手段进行产品生成，完善近代园林GIS数据库平台互动模型设计内容组建。近代园林旅游网络地图交互模型是通过视觉感受实验新方法——在线调查实验方法，根据实验数据分析结果和被试意见，对符号体系表进行修正从而构建旅游网络地图符号体系。

综合以上相关互动模型服务设计，整体都是以近代园林为核心，以各类数字技术和方法为基础，对相关用户群体的用户体验和使用需求所开发的交互服务设计模型。是基于GIS园林空间信息数据库基础上的推广与应用，是近代园林后续旅游视角开发及价值体系重构视角下的综合信息模型。

第四章 数字化园林景观设计

第一节 数字化设计平台搭建与开发

数字化实验平台就是以风景园林设计全程中的各相关信息数据作为模型基础，进行交互式风景园林设计模型的建立。它具有可视化、协同性、模拟性、优化性和可出图性等特点，是一系列的应用过程和优化的工作流程。数字化设计模型作为整个工程建设的枢纽，有效管理着工程项目实施的整个生命周期。

数字化风景园林设计平台建设大致分为以下三个阶段：

第一，数字化风景园林设计硬件平台的搭建，建设以图形工作站为核心，辅助必备的数据采集、输入与分析设备。

第二，进行设备扩充，购置数据分析、处理的软件及其图形输出端设备。

第三，数字景观设计平台的软件、硬件系统基本完善，能够实现从风景园林设计优化、对比分析、动态模拟、文档制作到施工出图与管理的集成化工作流程。

一、硬件平台的搭建

风景园林不仅具有自然生态的因素，同时也需要满足人们的基本需求，包括日常的生产、生活、审美以及心理满足等。数字化风景园林设计平台的搭建主要围绕景观生态学分析技术、景观行为心理分析技术、基于 GIS、VNS 的景观三维辅助动态模拟技术三个方面展开定量化的设计研究：

1. 景观生态学分析技术主要依靠便携式水位尺、智能化土壤肥力测定仪、测深仪、测高罗盘仪、海拔表、望远镜测距仪等仪器，在典型现场数据提取、特征比较等技术分析的基础上，整合相关学科技术手段与相应成果，进行技术支撑的生态学“场地—设计”测评方法与指标优化研究。

2. 景观行为心理分析技术主要依托眼镜式眼动仪及配套分析软件，进行景观环境主观评价的科学化与可度量化分析。未来将结合全方位的环境数据采集和人体生理反应的数据采集，完善科研基础数据的采集平台。同时，结合数字叠图技术、GIS、DEM、3S 技术，形成科学全面的“评估—设计”评价指标和评价体系，建立动态发展的设计全程跟踪与系统集成技术，实现多学科支撑的风景园林量化分析技术创新。

3. 基于 GIS、VNS 的景观三维辅助动态模拟技术是近年来欧美国家景观研究和实践的重要方向。VNS 景观三维再现软件可以与 GIS 兼容，精确地表现景观与空间信息，成为促进景观规划设计方法的拓展和深入研究的关键技术手段，推动着风景园林规划设计的科学性、精确性、可靠性的发展，以及跨学科合作研究的可能，已经在国际领先景观研究机构得到应用。

在工程施工管理中，诸如水准仪、GPS 定位系统、海拔表等一些普遍运用的仪器设备操作相对简单易学，在行为心理分析技术以及数字化交互式三维展示系统方面，便携式眼动仪、三维立体展示系统、虚拟现实数据手套和图形工作站等设备在风景园林设计中还处于初步探索阶段。

（一）无人机航空测绘系统

无人机（UAV）航空测绘系统作为一种高技术含量的航空测绘平台，为风景园林设计前期场地中自然生态数据的采集提供了可靠而专业化的设备。它涉及航空、自动化控制、遥感、地理信息等多个领域，采用 3S 技术对场地进行实时观测，获取高精度空间数据，并同时能够快速处理所获取的空间数据。

无人机航空测绘系统由无人机平台、飞行控制系统、导航系统、中继数据链路系统、航空测绘吊舱、图像获取及传输系统、发射回收分系统组成。此外根据不同类型的测绘任务，需要搭载不同的传感器，例如，高分辨率 CCD 数码相机、轻型光学相机、多光成像仪、磁测仪等，传感器所获取的位置数据和姿态数据即时存储。传感器的控制系统需要根据预先设定好的航摄场地、比例尺、重叠度等参数及其飞行高度和速度。为使得所获取的场地数据达到测量的精度，在作业完成之后统一进行影像数据处理和相关校验工作。对于影响数据较大的项目需要专用的数据传输和存储系统，同时，配合相应的软件系统进行交互式处理，利用激光技术辅助测图，提高高程测量精度，生成密集点云、影像自动识别、快速拼接、地形图矢量化、数字地面高程模型、真实三维地形动态模拟显示等一系列数字化集成技术。

系统利用数字表明模型（DSM），采用数字微分纠正技术，改正原始影像的几何变形，保证影像上每点都完全垂直视角，获取超高分辨率数字影像和高精度定位数据，生成DEM、三维正射影像图、三维景观模型、三维地表模型等可视化数据。无人飞行器可按预定飞行航线自主飞行、拍摄，飞行高度约50~1000m，高度控制精度约10m，基本能够满足场地竖向设计过程中对平面和高程测绘精度要求。真正射影像是基于数字地表模型（DSM）对高重叠率的影像进行纠正而获得的数据信息，包括图像锐化、大气纠正、电离层改正、匀光处理等辅助算法使影像达到完美的拼接。无人机测图在中小尺度下的数据获取、快速成图、精细化三维建模中具有绝对的优势，为风景园林竖向设计提供可靠的数据来源。

三维空间地形点数据的生成可以结合航片自动解析来完成，利用两张不同位置拍摄的航测照片的视差原理直接算出地面空间点的坐标位置。通过精密的扫描仪将航拍影像转化为三维立体的数字模型，并同时生成地面空间点网络坐标，这是较为切实可行的高效数据采集方法。

（二）便携式眼动仪

便携式眼动仪能够在现实场景中高效采集眼动数据的数字化工具。它在体验者处于完全自然行为状态的前提下，确保眼动数据的精确性与结果的有效性，可应用于基于现实场景或实物的定性及定量的眼动研究。由于它具备可靠的眼动追踪功能，可适用于风景园林现实场景的户外实验环境以及各种偶然、突发事件或不确定场景信息。与此同时，其全自动数据叠加与系统向导化的程序极大地提升了实验效率。其眼动仪实验具有以下3个基本特征：

第一，基于屏幕刺激。眼动追踪技术能够辅助设计者了解人们对场景的认知、感受和社交行为，其较大的头部活动耐受性，使得眼动追踪系统能够适用于更广泛的人群（包括儿童和婴儿）测试研究，并能提供详细的信息关于他们是如何了解场地，找出场所中的兴趣区域。

第二，基于真实场景刺激。眼动追踪技术可用于分析人机交互的用户行为和用户界面可用性分析，该实验方法能够用于在自然行为状态下进行移动设备测试。

第三，真实环境场景研究。能够完全置身于真实环境场景中进行非介入式测试研究。通过眼动追踪和不同的点击度量标准以及注视轨迹、热点图和轨迹回放等可视化数据分析工具，其结果可以非常方便地进行解析并得出分析报告。有趣、直观的眼动追踪结论展示方式和实时监测数据大大增加了普通民众对景观感知的参与性和可操作性。

眼动追踪技术作为一种科学的评估方法，有助于优化设计，提升场景的吸引力。在项目建设之前通过人机交互的景观三维模拟与展示系统，用于评估不同方案设计的优劣，测试景观建成后的效果和满意度。在风景园林设计概念构思、设计策略的生成到虚拟现实的动态模拟及其展示等设计阶段都能够提供有价值的数据信息。

便携式眼动仪能够为风景园林设计提供可靠的数字化数据，在原有感性的美学评判的基础上，增加了更多的理性科学数据分析。眼动跟踪技术提供了独一无二的方式来评估风景园林设计场景中人们的经验行为和对自然文化环境信息的接受与反馈过程。眼动仪能测量两只眼睛的注视点方向和眼睛的空间位置，精确度极高，研究人员可以计算出头部移动时人眼运动的真实轨迹。风景园林设计师可以利用眼动追踪技术，分析环境场景的变化带来的眼球运动行为，让研究人员可以量化动态的眼部运动数据。客观的量化数据能力意味着它可以作为两个公开的数据进行某一特定场景信息的评判、对比研究，在景观行为心理分析进行客观的环境认知、社会心理分析等方面具有广泛的应用前景。

（三）数据手套

数据手套是基于多种模式下的虚拟现实硬件，为虚拟现实系统提供了一种全新的交互式模拟手段。它通过软件编程，能够实现虚拟场景中物体的抓取、移动、转换等动作，也被称为一种控制场景漫游的数字化 VR 工具。目前，该产品可测量多达 20 多个关节角度，具有非常良好的精确度。最新产品采用抗弯曲感应技术，可将手和手指的动作准确地转变为数字化的实时联合角度数据，除了能够检测到手指的弯曲度，还可以利用磁定位传感器来精确地定位出手在三维空间中的坐标位置，为用户提供一种极为真实、自然的三维交互式体验手段。

数据手套一般与三维空间跟踪定位器结合使用，操作者在空间上能够自由移动、旋转，不局限与固定的空间位置，操作灵便，数据准确。此外，数据手套及其 VR 设备系统可用于数据可视化领域，能够探测与出地面密度、水含量、磁场强度、光照强度相对应的振动强度等数据，并将人的手部动作准确、实时地传递给虚拟环境，把虚拟物体的接触信息反馈给操作者，并适用于需要多自由度手模型对虚拟物体进行复杂操作的虚拟现实系统。使设计者以更加直接、自然、有效的方式与虚拟现实模型进行交互，极大地提高了设计过程的互动性和沉浸感，为设计者提供了一种通用、直接的人机交互体验方式。

（四）其他信息采集、分析与输出设备

数字化硬件实验平台主要包括数据采集、输入、分析以及输出设备，其中，便携式水位尺、测距仪、智能化土壤肥力测定仪、探测仪、海拔表、绘图板、GPS 全球定位系统、测高罗盘仪等为基本的常用设备。在生态环境信息采集方面则主要利用无人机景观航空测绘系统进行场地地理信息数据的获取；而环境行为心理模拟方面则须借助 Kingfar 行为采集系统及其行为分析主控平台、MindWare 无线心理行为监测系统、BioLAB 心理行为同步分析系统和 Tobii Glasses 眼动追踪与控制系统等。在图形分析和数据计算方面，则主要利用高端图形工作站进行海量数据的分析、处理与计算，然后通过相关软件进行可视化输出，包括含分析扩展模块的 ArcGIS 软件包、Autodesk 系列软件、Lumion 等。此外还需要投影机、大幅面扫描仪、三维打印机、三维扫描仪等仪器设备。

二、软件平台的搭建与整合

数字化风景园林竖向设计是一个全面综合的设计与表现、场地数据的采集与数字化获取、绿色生态景观环境模拟分析、设计图形与参数因子处理以及虚拟现实展示技术的系统性工作流程。当前强大的数字信息技术在风景园林决策、设计、施工、管理的各个环节中的应用能够大大加强场地现状数据的采集、分析与处理能力，在减少工程决策失误和降低项目投资风险方面起到重要作用。此外，当前一些常用的设计辅助软件也有逐渐融合的趋势，彼此之间的数据对接变得越来越方便和精准。

设计师普遍采用的数字平台中，运用 ArcGIS 和 Autodesk 两大基本软件平台搭建数字化风景园林设计工作流程，其强大的数据采集、分析与模拟能力，能够解决数字化风景园林设计过程中的主要问题。而对于部分相对特殊的应用需求则结合一些其他相关软件进行协作，打通它们之间的数据壁垒，实现数字化设计的全程管控和一体化工作流程。例如，Vectworks Landmark 是一个集多个子系统于一体的相对全面的软件，能够贯通风景园林设计的整个生命周期，并与相关软件有着极好的兼容性。

技术评估方面的软件有 Ecotect Analysis（生态研究）、Fragstats（景观生态分析、景观格局、参数设定、运算）、Fluent（风、小气候等流体因子模拟分析）；可视化与虚拟现实展示方面的软件有 Lumion、Quest 3d 以及 CityEngine 等；数据统计分析方面有 SPSS。通过将各相关软件的打通与整合，发挥各自的特点与优势，依托数字技术平台，实现交互式反馈的风景园林设计过程，并适时同步生成多个层面的设计成果，从而构建其科学易操作的

数字化风景园林设计理论与方法。

（一）Autodesk 平台

Autodesk 平台及其相关软件是当前设计行业使用最为普遍的解决方案。经过多年的发展，已逐渐演化为一个极为庞杂的体系，与风景园林设计相关的产品主要包括两个方面：即 Autodesk 基础设施设计套件（Infrastructure Design Suite），包括 AutoCAD、AutoCAD Civil3D（场地设计分析、优化、施工与管理）、AutoCAD Map 3D（专业地图绘制、土地发展规划，基于 GIS 数据的管理、分析与评估）、AutoCAD Raster Design、AutoCAD Utility Design、Autodesk Infrastructure Modeler、Autodesk 3ds Max Design、Autodesk Revit Structure 等，以及 Autodesk 建筑设计套件（Building Design Suite），包括 AutoCAD、AutoCAD Architects、AutoCAD Revit 等；此外，还有 Autodesk GIS Design Server、AutoCAD Land Desktop、Autodesk Ecotect Analysis（可持续设计模拟与分析）、Autodesk MapGuide 等相关产品。

1. 智能化场地设计——Civil 3D

Autodesk 平台下的 AutoCAD Civil 3D 是一款面向土木工程场地设计与文档编制的建筑信息模型（BIM）解决方案。作为一个集成的数字化设计流程，它可以更好地了解项目的性能，保持一致的数据和流程，并对更改做出适时同步的响应，并生成最新的图纸和高质量的文档与数据库信息。它支持在风景园林工程建设前以数字化的虚拟现实探索项目实施过程中的各个环境所遇到的问题，并寻求最佳解决方案。它能够创建协调一致，包含庞大数据库信息的设计模型，协助设计师在风景园林设计前期分析、优化设计方案、控制建设成本以及工程建成后的评估等，具体包括：勘测和数据采集（Surveying & data Collection）、仿真和分析（Simulation & Analysis）、可视化（Visualization）、多领域协作（Multidiscipline Coordination）、建模与设计（Modeling & design）、施工图纸（Construction Documentation）、施工与施工管理（Construction & Construction Management），通过协调一致的数字化设计流程，实现风景园林竖向设计前期的场地分析，设计方案的对比与优化，项目性能和成本管理的可视化展示与互动施工图文及其数据信息的制作等智能化设计过程。

AutoCAD Civil3D 是基于 AutoCAD 平台开发的土木工程软件包，能够轻松、高效地探索设计方案的优劣，分析项目的可行性，更为理性地促进设计理念的实现。其实时三维动态工程模型有助于道路选线、场地竖向设计、雨水收集与排放，并以动态方式链接各景观要素，直观、科学地评估多种设计方案，做出更理想的决策。AutoCAD Civil3D 具有多种功能：勘测、曲面和放坡、地块布局、道路建模、雨水分析和仿真、排水系统布局、土方量计算、几何设计、数据提取分析、与施工图同步的设计修改、专业绘图、设计评审、多领域协作、对多方案进行可视化比较、地理空间分析和地图绘制等。特别是在数字场地模型（Digital Terrain Model，DTM）的构建，场地坡度与坡向计算，分析场地的稳定性，包括水土流失、山体滑坡等数据模型；场地高程及土方平衡设计模型；场地汇水计算与雨水管理、水资源的有效利用；道路纵断面设计及其土方量计算以及经济高效的施工管理方面具有显著的作用。

2. 贯通各设计阶段——Vectorworks

Vectorworks 是基于 Autodesk 平台的贯通于风景园林各设计阶段的一体化解决方案，其产品系列是一款高效、集约的跨平台专业 CAD 软件。依据场地设计的不同特点，它涵盖了 Vectorworks Fundamentals、Vectorworks Architect、Vectorworks Landmark、Vectorworks Spotlight、Vectorworks Designer 和 Renderworks 等系列，满足多种不同类型场地设计的特殊性要求。它具有优越的展示功能、自动报告和分析、优美的二维设计和三维动态模拟、高效的工作群组能力、易于共享的 CAD 平台文件，庞大的数据库信息和图像、与地理信息系统和谷歌完全兼容等优点，能够将极为复杂的工程项目进程分成易于管理的不同部分，并仍然保持其互相之间的有机联系，该系统广泛运用于景观建筑、城市规划和地理信息系统等领域。

Vectorworks Landmarc 适用于各种尺度下的风景园林规划与设计项目，从勾画出概念方案、总体规划、施工图纸的精确绘制、三维场景演示、科学管理设计进程，最终实现整个设计工作流程的全面贯通。从概念设计到施工图纸的输出以及工程施工建设的评估管理等各个环节都能够为设计提供科学有效的决策，其一体化的工作流程将创造、建模和展示及其所有其他设计工作纳入其中，并全程进行科学管控。

设计的基础数据来源于实际勘测的地理信息，通过准确测绘并将地理信息系统数据导入其中或直接使用地理参照航空与卫星图像，建立场地信息模型，以实现风景园林设计场景的真实化设计。此外还建立场地分级设计图，分析场地的坡度和水流状况，同时在二维和三维图像中展示其场所特征。

智能化的场地竖向、道路、水文、植被设计流程可以非常轻松地完成平面图、立面图、剖面和节点详图的绘制与出图工作。Vectorworks 是把 BIM 功能引入设计工作流程的有效途径，它具有成本估算、建造材料分析、施工管控，还有设计效果展示等多种功能。Vectorworks Landmark 支持大批现成的建筑信息模型（BIM）对象，其丰富的景观资源库也为施工阶段的出图提供了详细而精确的全尺寸模型，包括各种植物模型、图像以及随时间

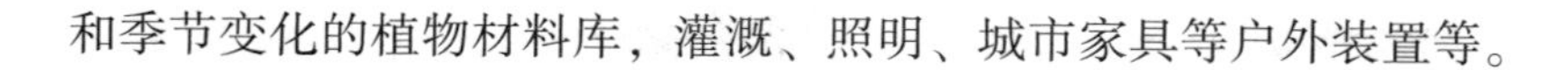
和季节变化的植物材料库，灌溉、照明、城市家具等户外装置等。

（二）GIS 平台

数字化风景园林竖向设计是要实现以工程实施为导向的场地设计和地理信息系统辅助精细化施工，它是景观技术基础知识与数字化技术平台的有机结合。数字场地模型作为数字技术的最为重要的一个环节，需要依托地理信息系统（Geographic Information System，GIS）技术平台，它能够将不同来源的信息以不同的形式整合在一起进行分析、展现、矢量化和属性化，并且可以进行数据采集和空间分析等工作，特别是在场地建造、施工机械控制（结合 GPS 定位）等过程中能够精确引导风景园林竖向设计的数字化建造。例如，ESRI 的 ArcSkech 原型系统允许给一个符号分配任意 GIS 属性，每一个图形都有其自身的定义和规则，这种符号可以承载大量的语义信息而不仅仅是空间或图形信息。

地理信息系统是一种具有信息系统空间专业形式的数据管理系统，这是一个具有集中、存储、操作和现实地理参考信息的数字化平台。GIS 平台主要由数据、硬件、软件、运算过程等基本组成部分，具有采集、分析、管理和输出多种地理空间信息的能力。地理信息系统以分析模型驱动，具有极强的空间综合分析和动态预测能力，并能产生高层次的地理信息。建立基于地理定位的精确数据库，包括与空间要素几何特性有关的空间数据以及提供空间要素的属性数据，这是 GIS 平台运作的基础；而硬件的性能则主要影响处理的速度和输出方式；GIS 及其相关软件则负责数据统计、查询、分析、绘图、影像处理、输出等数据处理过程，形成以地理设计研究和工程项目决策为目的的一个人机交互式反馈的风景园林竖向设计与决策支持系统。

GIS 系统开发在无缝集成和灵活性方面具有优势，它集合了各种功能模块的 GIS 开发包，例如 ESRI 公司推出的 ArcGIS、ArcEditor、ArcView、MapInfo 公司的 MapInfo 等，它们彼此已形成相对独立的系统，都具备强大的数据输入与输出、空间分析、图形转化等性能。此外，GIS 系统还可以按功能分成一些非常具有针对性的模块进行开发，并利用网络技术来扩展和完善 GIS 系统，实现跨平台交流与合作，真正实现地理设计大众化和 GIS 平台普适化，极大地促进了风景园林竖向设计朝着基于地理生境的数字化、智能化方向发展。

（三）其他相关软件的协作

风景园林的数字化设计过程包括数据的采集、处理、分析和输出，Autodesk 平台和

GIS平台基本能够实现以上数字化设计环节。然而在一些相对具有特征的风景园林场地中，其某一设计要素或环节需要更为深入的分析和处理，而诸如CityEngine和Lumion 3d等三维虚拟现实模拟系统则很好地弥补了前面两大平台效果输出的不足。

1. 生态设计大师

生态设计大师（Ecotect Analysis）适用于设计师在概念规划早期和中期，通过计算机模拟分析进行方案比选，实现建筑设计方案的优化和提升，帮助设计师从方案设计的早期就引入生态和节能理念，实现科学的设计方法。它不仅能够全面分析场地中的光照、噪声、温度等风景园林设计影响因子，还可以对经济环境影响、工程量及其造价、气象数据等重要场地环境因子进行计算、模拟与分析。软件自带了功能强大的建模工具，可以快速建立起直观、可视的二维模型，同时与常用的辅助设计软件Sketch Up、3dMax、AutoCAD有良好的兼容性。

2. 风环境模拟分析

风环境模拟分析（Urbawind）作为流体动力学模拟分析及可视化处理的一种解决方案，是一个分析、模拟、评估潜在风能的计算工具。基于风流计算系统Urbawind可以精确地模拟分析潜在的自然通风状况、建筑以及人为因素而产生的风流情况，制定防风设计参数等，并对风景园林空间中人们的舒适度进行评估。通过对环境设计前后的风流情况的模拟，自动生成非结构网格，集成数值模拟技术，能够精确评估风流特性，还可以通过海量运算数据直接导入Ensight可视化系统进行对应的图形化显示，其更加直观、形象的分析结果为数字化风景园林设计提供专业化的服务。

3. 智慧城市引擎

随着当前我国城乡一体化的进程，未来城市设计、城市景观与链接城市之间的过渡区域将逐步融为一体，形成大规模的区域性都市圈。ESRI公司针对ArcGIS平台开发的绘图模块CityEngine（智慧城市引擎）实现了基于规则的三维建模，使得设计师能在一个交互式的三维环境中对场地进行评价、设计以及动态模拟展示等操作。CityEngine作为未来智慧城市景观分析引擎，可快速生成大型城市景观三维场景，为过去仅仅基于ArcGIS平台的平面化图形输出带来全新的体验。它能够基于GIS平台，导入场地地图数据，可以快速自动生成大型都市景观场景的三维模型，同时，调用CGA文件还能够随机生成建筑单体形态（匹配贴图），更为真实地还原景观及其周边的现状环境。

4. 虚拟现实展示系统（Lumion 3D）

虚拟现实展示系统（Lumion 3D）作为一套实时三维可视化工具，其形象、真实、生

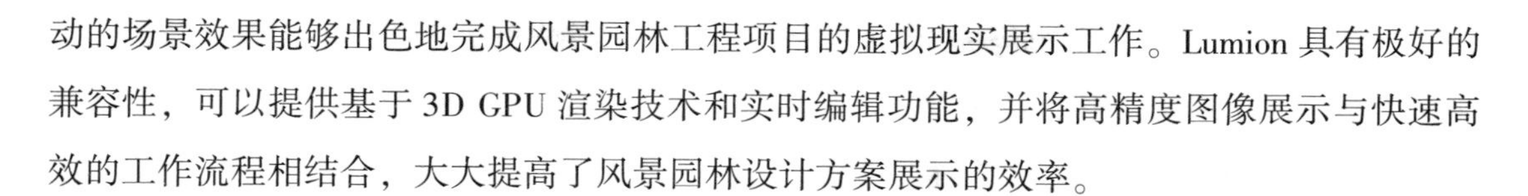

动的场景效果能够出色地完成风景园林工程项目的虚拟现实展示工作。Lumion 具有极好的兼容性，可以提供基于 3D GPU 渲染技术和实时编辑功能，并将高精度图像展示与快速高效的工作流程相结合，大大提高了风景园林设计方案展示的效率。

三、软件平台的本地化开发

风景园林设计具有非常强烈的地域性特征，而以上软件平台并没有针对某一特定地区的特殊属性进行更深入的二次开发，在地域性气候、水文以及地带性植被的情况下并不能直观、高效地为设计提供可靠的数据库。针对以上相关软件进行二次开发，研发出适用于我国各不同地理区域特征的本地化软件平台，则更有利于数字化风景园林设计的推广应用。下面是两款我国自主研发的场地设计软件，其最大的优势在于它具备一些地域性景观要素的特征模块，极大地提高了设计的效率和数字化设计的易用性、可操作性。

（一）鸿业工业总图设计软件

鸿业工业总图设计软件是在 Autodesk 平台下的 Civil 3D 基础上进行二次开发的风景园林设计软件，是鸿业公司研制的 CAD 系列软件之一。该软件具有直观、精确、快捷的绘图、计算模块，全面涉及风景园林设计决策、方案优化、施工出图、工程量统计等各个设计阶段，为风景园林总图设计提供一套完整、智能化的解决方案。

在风景园林竖向设计方面，完全基于 Civil 3D 的真实三维数据，利用地理信息系统所获取的自然高程数据自动识别并转换场地中的标高文本数据，生成方形网格和三角网格曲面，即数字场地模型。在三维场地数据的计算、分析、地形处理、道路设计、土方平衡、管线综合、植物种植及其效果输出，并能够生成分析效果图并提供分析数据等诸多方面为设计人员提供科学化的服务。

由于风景园林场地竖向设计所面临的数据信息极为庞大和复杂，该软件在地形处理方面，尽可能地增加图面与数据之间的参数关联，并且能够结合人们频繁地调整设计数据的习惯而进行自动实时更新，其操作过程更为直观和准确。

根据由高程点云生成的地形数据，自动定义等高线，并对坡度、坡向、山体汇水进行分析，生成流域区域与径流方向等，供风景园林水文设计或水资源利用做参考。强大的地形处理和分析功能也为道路设计提供科学依据，编辑道路各参数之后，可自动形成道路系统断面图，由此可分析设计方案的合理性，优化设计方案。

根据地形特征进行优化计算，自动选用网格法或断面法进行土方计算。通过自动提取场地自然高程和设计标高之间的差值，计算并统计填挖过程中的土方量。同时，按照一定的坡度放坡，最后统计并以表格的形式对工程量进行输出，在三维效果、设计平面与工程数据三者之间建立动态关联，并自动更新。

（二）PKPM 园林景观配置方案

PKPM 园林景观配置方案是由中国建筑科学研究院研发的三维图形平台，包括了三维园林景观设计、二维施工图绘制、植物数据库、虚拟现实展示等基本模块，具有三维场地设计及分析、地形数据及植物数据分析等功能，能够实现三维图形平台、二维施工图设计与实时三维效果同步展示。

第一，高效自动的地形分析模块，具有多种导入地形点（高程）方式，进行坡度分析、高程分析、水文分析等。在原有地形上进行填、挖操作，并同步生成土方量。

第二，植物数据管理模块提供了完整的我国常用植物数据库，包含数千种植物的生长特性、观赏特性、生态适应性、环境条件和用途等属性信息，其子数据库分别适用于不同城市和地区的需求。此外，可即时生成苗木统计表，自动统计种植结果，核算工程造价等。

第三，系统提供材质编辑与虚拟仿真漫游，采用实时渲染技术实现设计中的直观体验，真实表现风景园林设计场景中的原始场地模型、分析结果、设计改造，设计场景的实景漫游可以展示任意方位的效果，并实时进行修改优化。该配置方案涵盖风景园林设计的整个过程，包括场地现状的数字化模拟、场地数字化分析、景观设计方案对比与优化、设计后期与使用后评估等。特别是具有强大的地形处理与分析功能，如三维地形网面生成，等高线、三角面之间的转换，竖向设计分析、改造与优化，网格法及断面法的场地和道路设计及其计算，土方平衡、土方计算表格生成及其施工图同步生成等。

第二节　数字化园林景观设计逻辑与基础

“在数字信息时代，科技已经渗入到人们生活的方方面面，数字技术与智能设备成为人们生活的一部分，改变了人们的生活方式和景观审美。与此同时，园林景观要跟随时代的步伐，不断进步，将数字化融入景观当中，使景观更具合理性与适地性，提高人民的生活质量。”①

一、数字化园林景观设计逻辑

随着数字科技中软硬件的不断更新，数字化技术开始在建筑领域崭露头角，引进 BIM 应用软件将二维制图转换到三维建模，现阶段依靠其强大并不断完善的协同及整合功能，能够在建筑设计过程中实现场地分析、模型调整、数字可视化、建筑节能、规范性检验、资产管理、成本预算等；不断完善的数字技术也为景观规划设计、施工建造、园林绿化管理、景观空间营造提供了技术支撑。

数字化技术的发展让人们意识到，通过数据分析可以更加了解事物的属性特征，发现事物之间的联系。数字化技术在不断的完善和发展当中，但是仅有技术支撑是远远不够的，风景园林是一个学科体系，它的发展不能仅依靠技术支撑，也需要理论方法的指导，智慧园林思考角度下的数字化包含数字化规划设计、施工建造数字化、园林绿化管理系统化和虚拟可视化技术应用。以下聚焦于智慧园林前期规划设计阶段的数字化设计方法和流程进行分析研究，建立规划设计阶段的数字化景观设计逻辑，促进风景园林规划设计从定性走向“定性+定量”的研究。

二、数字化园林景观目标分析基础

景观目标分析在景观设计过程中起到重要作用，将以下三点作为确定景观目标的依据：1. 根据城市绿地分类标准，按绿地类型和功能确定景观分析内容；2. 按照特定议题确定景观目标；3. 按照甲方需求确定景观目标，根据景观目标并以解决问题设计导向进行立地环境分析。

三、数字化园林景观设计基础

（一）数据来源

数据收集是数字化设计的重要步骤，收集数据的渠道有很多，随着软硬件技术的不断发展，越来越多的途径可以将原本用于描述空间、平面以及生物学性状的特性通过数据加以展开。在风景园林规划设计的过程中，场地的信息越全面，设计师对场地的了解程度越

---

①　张超君：《基于智慧园林思考的数字化景观设计研究》，昆明理工大学 2021 年。

透彻，才有可能生成优秀的设计方案。但很多时候甲方提供的场地资料不足，需要设计师自己收集整理，以往是通过设计人员进行实地调研、现场勘测的方法补充资料，现在设计师对于空间尺度较大的项目可以借助卫星遥感、航拍影像、地理信息模型、机载激光雷达技术等进行勘测，获取精细的地形数据信息，对于空间尺度较小且类型不太复杂的项目，通过网络获取相关数据信息就足够，可以减少实地调研和现场勘测次数，节省了大量的时间和精力。

一般风景园林规划设计所需要的数据信息包括地形数据、环境数据、空间数据、人文经济数据这四大类：①地形数据类主要指高程、坡度、坡向等地理空间信息；②环境数据类包括气候、水文、日照、辐射、风速等信息；③空间数据类包括建筑、植物、道路交通、视线、可达性等信息；④人文经济数据类包括人口、产业类型、经济产值、地块价值、历史文化等信息。

数据信息的形式可大致分为四类：数字、文字、图片、音视频。这些数据信息可以通过多种方式来获取，比如，通过网页爬取、在地理信息软件上下载、由甲方提供的资料、由设计人员现场收集的资料、对当地人群的实地采访以及查阅史料书籍。随着科技越来越发达，信息变得越来越开放、共享。

（二）分析方法原理

应用“面向对象数据模型分析法”，其中可以把数据和对象相关的代码封装成单一组件作为“对象”，“数据+代码”即为一个对象，数据代表对象的实体，代码则定义对象能够做什么，一个对象也就指一种“运算器”；运算器可以拾取并识别图片、声音、视频，包括文本、数字等数据，再通过代码运算赋予运算器相关功能；面对对象数据模型不是一成不变的，它是动态变化的数据结构，编程人员可以给类或对象类型赋予任何具有特定功能的结构。Grasshopper 中的运算器，也是由编程人员或具有编程能力的人员编写，用户可以不用编写特定对象的代码，只要掌握运算器之间的组合逻辑，就可以构建参数分析模型，提供解决方案。

第三节　数字化园林景观设计立地环境分析

一、立地环境分析的内容和目的

风景园林规划设计的过程其实就是在塑造环境，我们在塑造环境的同时，也在塑造自己的生活及生活方式，我们不仅要对自己负责还要对自然负责。因地制宜对于风景园林规划设计十分重要，实现因地制宜的关键就是立地环境分析，立地环境分析的内容主要包括以下四点：

第一，前期资料收集。收集场地的自然信息和人文信息，自然信息属于可量化元素，包括场地区域面积、道路交通、地形地貌、气候与水文条件、植物类型和分布状况；人文信息属于不可量化元素，包括历史古迹、民风习俗、文化作品、当地社会和经济特征、人群信息。

第二，城市环境分析。分析场地的区位、面积及其与周围环境的关系、场地外部与内部道路的交通情况，建筑和植物分布情况。

第三，自然环境分析。分析场地的高程、坡度、坡向以及气候条件和水文情况。

第四，人文环境分析。分析当地的历史古迹、民风习俗、文化作品以及经济发展状况。

风景园林规划设计所需的数据类型中，地形数据和环境数据属于自然环境信息，空间数据属于城市环境信息，人文经济数据属于人文环境信息。其中，地形数据（高程、坡度、坡向）、环境数据（气候、水文、日照、辐射、风速），可借助数字化分析软件进行量化分析，对应的分析模型分别是：高程模型、坡度模型、坡向模型、雨水径流分析模型、日照模拟模型、辐射分析模型、风环境分析模型、景观视野分析模型；空间数据（建筑、植物、道路、人流）可通过数字化辅助设计软件，结合设计师知识经验进行定性加定量分析，对应的数据分析类型有：可达性分析、服务范围分析、人流轨迹分析、人口特征分析、经济产值分析、地块价值分析等；设计师须根据实际案例所需的数据信息建立相应的分析模型。

设计师对以上要素进行仔细的分析和思考，最大化地发掘、整合场所的资源，并且以最少的人为干预方式，实现设计的初衷，强调的重点是在设计中最大限度地利用环境资源、发挥自然环境自身的抗逆性和恢复性，充分地考虑使用者的需求，了解场地利弊因素，以此来得出立地环境分析的评估和总结，将不利因素转化为有利因素，挖掘场地的最大优势，为下一步方案设计立意提供思路；确定场地与周围环境的区域关系，组织场地外部和内部的交通路网和空间布局，为功能分区提供有效的依据；保护场地的生态环境，以及民风习俗和历史文脉的传承延续。

二、传统立地环境分析和数字化立地环境分析的对比

纵观风景园林的发展历程，不论是古典园林中的相地、立基还是现代园林规划设计中的场地分析，其设计和建造方式随着社会的发展都经历了几次变革，20 世纪 20 年代初期，从场地调研到方案施工落地靠的是纯人力，方案设计的表达需要人工手绘，场地的尺度是靠尺子的度量和设计师的主观把控，方案设计的合理性依靠造园师或者设计师的经验判断。随着计算机的发明和互联网的发展，风景园林的设计方式实现了从人力到人力结合计算机辅助设计的转变；随后大数据时代来临，风景园林行业的专家们开始倡导固本创新，将数字化设计的技术方法逐渐运用到风景园林设计过程当中。

传统的风景园林规划设计方法，其前期分析的资料来源是靠设计人员自己收集或者甲方提供相关的场地资料，在立地环境分析时，由设计师人工地去统计分析各种数据信息，但也只是简单的气候、高程之类的数据，在对这些简单数据进行分析的基础上，凭借经验做出相关的判断。当场地面积范围较大时，往往会牵涉到大量的数据分析，对这些数据进行分析将会耗费很大的人工精力，所以经常依靠设计师主观经验的判断。对于复杂的项目往往因为没有发现其本质问题，可能会出现前期分析与设计结果相关性不大的问题，从而导致方案的合理性不足。

现阶段运用计算机辅助制图软件，大大提高了工作效率。风景园林行业的项目类型越来越多，场地情况更加复杂，对复杂的场地需要依靠数据分析，发现事物的潜在规律和各种要素的本质特征，以及各要素之间的联系，而不仅仅是对环境的再现，这样数字化立地环境分析方法才能发挥其优势。

三、数字化立地环境分析的内容

数字化立地环境分析，顾名思义就是运用数字化技术和手段进行立地环境分析，可分为两部分：一是数字化辅助分析，二是参数化分析。立地环境分析中，前期资料收集、城市环境分析、自然环境分析和人文环境分析，前面两个属于可量化内容，在分析过程中，

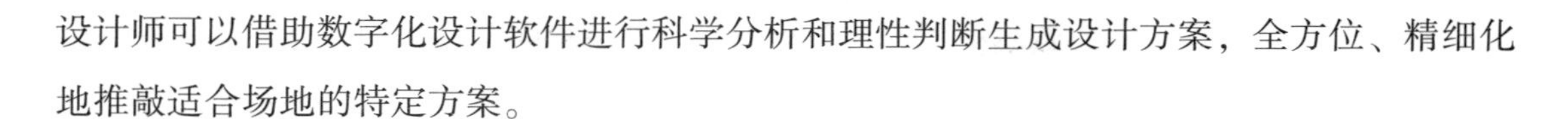

设计师可以借助数字化设计软件进行科学分析和理性判断生成设计方案，全方位、精细化地推敲适合场地的特定方案。

（一）立地环境分析中的数字化辅助分析

对于数字化辅助分析，可利用网络爬虫软件爬取相关数据，这种方法比较方便，既不需要仪器成本，也能减少人力；运用百度地图、高德地图等开源数据网站和平台、无人机设备，以及业主提供的一些资料获取场地地理信息，进行数字化辅助设计。

（二）立地环境分析中的参数化分析

对于参数化分析，可利用 Rhino 软件的建模功能与 Grasshopper 插件的参数逻辑算法功能的协同，可以针对自然环境中的地形数据、环境数据进行量化分析模拟来指导方案设计，方案设计中经常涉及的数据分析有：高程分析、坡度与坡向分析、雨水径流分析、可视域分析等。

第四节　数字化园林景观方案设计及其表现

一、数字化园林景观方案设计的注意要点

设计是灵活多变的，同一方案有多种可能，方案设计成果和质量会因为设计人员的设计能力以及对场地的认知和出发点的不同而有所偏差。设计者对场地的认知有两个方面：客观方面包括对场地自然因素的把握，主观方面是对场地历史人文方面的理解。设计师对场地的认知和主观愿望，决定了方案的好坏优劣，也决定了方案的可实施难度。

在以往的风景园林设计过程中，往往会出现各种问题，导致方案不合理和难施工。目前常存在的问题包括：信息闭塞导致设计和施工人员沟通不到位、图纸反复修改浪费大量时间、由于材料的不确定性和方案设计可能会随时更改而导致成本核算误差较大。前两个问题在前期分析和方案设计阶段中会经常出现，其原因就是前期分析得不够透彻，以及设计方式的落后导致的。前期分析和方案设计阶段，是整个设计过程中的最重要的两个部分。从方案合理性的角度来说，若前期分析不透彻，那么后面的方案设计就会出现不合理的问题；从方案可实施性的角度来看，会导致二维设计与现实三维施工产生冲突；从绘图

建模工作效率的角度来看，如果部分设计图纸发生改变，那后面一系列的图纸都需要进行更改。

根据前期数据分析的结果，设计师可以了解到场地外部和内部的交通状况、场地内部的地形分布情况、日照情况、植物种类分布情况和生长状况、场地可视域，根据这些分析模型和数据结果，进行功能区划分、确定设计立意，解决场地问题。即使在后期的施工过程中出现冲突需要调整方案，利用参数逻辑算法建立的分析模型可以只更改参数就能改变模型，不需要进行手工更改等烦琐重复性的工作。同时，根据设计方案中的参数，可以建立分析模拟模型，判断方案的可行性与合理性，从方案设计阶段就排除问题，避免了施工阶段的返工问题，节约社会资源，提高设计师的工作效率和设计积极性。

二、数字化园林景观方案设计的调整原则

（一）合理性原则

风景园林规划设计强调天人、物我一体。设计时，要敬畏自然，创造人与自然和谐相处的生存环境。在方案设计的过程中，设计师需要对时间、空间等元素进行分析，合理地利用并分配环境资源，遵从土地意志和自然规律，充分发掘场地的最佳特质，把劣势转化为优势创造生态可持续的景观。

（二）适地性原则

“适地”一方面指的是场地的适宜性和适地性，方案设计需要与场所相契合，还需要根据场地选择合适的设计手法；另一方面则是指对场地进行适度改造、利用和保护，对生态条件、空间特征以及历史人文背景加以分析、评估，寻求场所与使用功能之间的对应性，充分地利用场所资源和自然力。适宜性的评价在于寻求对空间、生态以及文化等合理利用与优化的可能性，通过分析实现对环境客观、理性的认知，在系统化的基础上制定具有一定针对性的设计策略。

（三）艺术性原则

自古以来，园林景观设计不仅强调功能的合理还讲究诗画的情趣和意境的蕴含；通过诗画、匾额、楹联、对园景做直接的点题，将前人的某些境界、场景在园林中以具体形象复现出来。在物质富足的基础上，园林景观设计与环境艺术的发展丰富了人们的精神世

界，调节枯燥的生活，成为人们的精神食粮。人们对美好生活的愿望推动着社会审美水平的发展，使得环境更具艺术性和观赏价值。中国古典园林强调的诗画的情趣和意境的蕴含在现代风景园林规划设计中同样适用，我们需要借鉴古典园林造园手法，运用合适的科学技术手段，利用现代景观元素，创造具有艺术性的、大众喜欢的、适合现代生活的园林景观。

“数字技术的飞速发展不仅给人们的生活带来了便利，而且对园林景观产生了积极的影响。”①

三、园林景观方案设计中的数字化表现技术

21 世纪是一个传播和交流多元化的时代，计算机及网络的发展，改变了人们的思维方式、学习和工作的形式。人类的生活态度和生活方式以及人们的物质需求和审美价值取向，在计算机技术迅猛发展的今天正在发生巨大的变化。

（一）园林设计表现技术的发展

1. 园林景观表现技术的类型

园林景观表现的过程是把对建筑外部空间的规划和设想通过视觉的形式传达出来的活动过程。当一个园林景观设计方案完成的时候，将设计方案的空间感、体量感、材质感、光感和色彩感，利用空间透视的方式表现出来的过程就称之为设计表现，设计表现是建立在设计方案的基础之上的，是对设计方案的表达和阐释。

园林景观作品形式与绘画、摄影、广告等艺术作品有明显的不同，绘画、摄影、广告等艺术作品往往以纸面或其他媒介的形式传递给受众者一定的信息，而完整的园林景观作品将呈现给受众者的是以一个可进入、可触摸、可使用的空间，是一个将受众者包容在其中的空间。由于园林景观设计作品具有空间包容的特征，人们往往很难在短时间内直观地理解空间艺术的整体形式。因此，相对于其他艺术设计门类，园林景观最重要的工作在于如何将设计者头脑中的构思，通过一种直观的、能够为大众所理解的形式表现出来，园林景观表现的意义就在于此。

园林景观表现技术可以分为手绘效果图表现、电脑效果图表现和三维巡视动画表现三种类型。其中，手绘效果图表现是集绘画艺术与工程技术知识为一体的综合性表现方法，

① 邢岩：《园林景观设计过程中数字化技术的应用》，载《花卉》2020 年 12 期，第 149 页。

相对而言属于传统表现技术范畴。电脑效果图表现和三维巡视动画表现作为新兴的表现技术，是集中了软件操作技术、审美意识和工程技术知识为一体的表现方法，自20世纪末起占据着绝大部分市场份额，并衍生发展出了基于三维场景交互技术的虚拟现实表现形式。

2. 园林景观表现技术的重要性

一套完整的园林景观方案，应该是由现场调查、设计分析、方案构思、深化设计、设计表现、现场施工等几大步骤组成的。园林景观表现又是其中最重要的部分，其重要性可以从以下角度来分析：

（1）从作品的角度来看。一个好的园林景观作品，应该是在充分理解客户的设计意图的前提下完成的，设计过程中应该得到客户的充分支持，完成后的实用功能和美观功能也应该得到客户的充分认可。也就是说园林景观的工作过程本身是一个不断与客户沟通、与客户互动的过程。而沟通、互动的基础是建立在园林景观图纸上的。

（2）从工程的角度来看。园林景观工程所牵涉的人力、物力、财力比任何的其他门类艺术设计都要多，如果设计方案阶段不能较好地把握设计作品最终完成的效果，不能充分得到客户的肯定，必然会造成施工过程中的反复修改，甚至因为完工后达不到理想的效果而返工，导致大量的资源浪费。从这个方面来看，可以说园林景观设计工程具有不可逆转的特性，这就更需要我们在工程施工前充分地论证作品实施的可能性和预计的效果。

（3）从施工人员的角度来看。施工人员对方案的理解程度可以说决定了整个工程实施完成的效果。可以量化的尺寸、数据、材料往往容易把握，但不可以量化的，如：色彩、花纹等，仅仅通过施工图是难以将信息传达准确的。比如，面对于一块涂红色墙漆的墙面，红色到底是大红还是深红、纯度有多高、明度如何，由于各人的理解不同，是无法用语言或数据来阐述清楚的，必然需要通过具体的图像来进行说明。而计算机就能如实地体现出来，把说不清的图像活生生地展现在人们的眼前。

（4）从客户的角度来说。由于专业知识的相对匮乏，客户并不能像专业人士那样，面对大量枯燥的尺寸数据、大量专属名词预想到作品完成的效果，这就需要通过直观的表现图（也就是通俗说法上的效果图）来了解设计师的设计思维，理解设计作品。

综上所述，由于园林景观表现技术的运用，使园林景观工作具有了沟通性强的特点，使园林装饰工程具有了容易掌控的特点，使园林景观方案具有了直观性强的特点，能将信息以最直接的方式传达给客户、施工人员，从而使他们能够进一步地认识、肯定和执行设计师的设计理念与设计思想。

3. 园林景观表现技术的发展历程

任何一种技术，都将历经一个由传承到演进再到发展的周期，社会的发展不仅对我们的设计理念、创新思维、营造技术和设计工作方式提出了新的要求，同时也促进了表现技术的变革，新的技法、新工艺的实施都要进行反复的改革，如：数字化表现技术，必然建立在某种已经成熟的技法和技术的基础之上。从广义上讲，这是一个不断完善、传承与超越的过程。园林景观设计表现技术的发展历程可以归纳为两个阶段。

（1）第一阶段为线性透视表现技术与色彩渲染表现技术的时代。线性透视表现技术是科学地再现物体的实际空间位置和形态的一种绘图技术，线性透视重点是焦点透视，它描绘一只眼固定一个方向所见的景物，这种绘画技术总结出了物体在空间中不同坐标时形状变化的规律，主要研究物体的形状、色彩和体积对眼睛的刺激作用，因距离远近不同呈现缩小、变色和模糊消失的透视现象。线性透视表现技术具有较完整、较系统的理论和多种作图方法，强调准确的透视投影和明暗关系，其基本概念包含视点、足点、基面、基线、视角、心点、视平线、消灭点、平行透视、成角透视、仰视透视、俯视透视等。

渲染是中国画技法的一种，属辅助性用笔，为突出形象而用以水墨或淡彩涂染画面，以烘染物象，增强艺术效果。渲，是指在皴擦处略敷水墨或色彩；染，是指用大面积的湿笔在形象的外围着色或着墨，烘托画面形象。

在园林景观表现中，色彩渲染表现技术是在线性透视绘制好的基础上，利用水彩、水粉、喷枪、马克笔、彩色铅笔等相关材料和工具，对空间和物体的色彩、质地、纹理、受光情况等进行绘制，以便于直观地呈现出设计后的效果，包含了润、染、皴、擦、勾等多种方法，渲染层次越多、出图速度就越慢。

目前，市场上普遍采用的是马克笔和彩色铅笔相结合的色彩渲染表现技术，原因在于马克笔技法有着方便、快捷的优势，工具不像水粉、水彩那样复杂，有笔有纸就足够了，并具有雄浑、粗犷、潇洒流畅的艺术语言以及独特的视觉效果。彩色铅笔的优点是色彩淡雅，使用方便，尤其是它的表现技法跟素描相似，运用排线技巧去塑造对象，对于细部的表现比其他技法容易把握。

在线性透视表现技术与色彩渲染表现技术的时代，表现园林空间的某一角度的空间感觉，需要耗费大量的时间与精力，并且所完成的图纸不方便修改和复制。虽然作品具有较强的表现张力，但对于业主来说，这类表现图与实际具有相当的距离，这使业主在短时间里难以充分了解建筑师的精心设计及构思，对整个建筑的相互空间关系，以及建筑建成后相应效果理解不到位，容易造成业主与设计师相互沟通不畅。

（2）第二阶段为数字化表现技术时代。随着计算机硬件和软件的发展，以及制作者经验的不断成熟，近年来的园林景观表现几乎都成了数字化技术的天下，大量的专业软件不断更新，大量的专业人士广泛参与，并分化出了专门的效果图制作和三维场景巡视动画制作两个方向。

数字化表现技术使设计师不使用尺子和图板，结束了成年累月爬图板的历史，三维的园林空间概念不再仅存于设计师的头脑中想象里，而是逼真地再现于电脑图像中，以多视角的模型、逼真的效果和对复杂细部的表现，使设计方案更具有表现力和直观性，它为设计师提供了更加广泛、更加充分、更加自如的表现，日益成为设计师的构思和完善设计方案的助手。

数字化表现技术主要有 AutoCAD、3dMax、Photoshop 等软件，分别涉及模型、材质、光照、渲染、动态等多项技术。

数字化表现技术的出现使设计工作变得更加快捷，减少了设计人员的重复劳动，设计方案在三维软件中直观呈现，降低了业主与设计师的沟通难度，使业主充分理解设计师的设计思路，可以预先直观地看到所设计作品完成后的情况。

（二）数字化表现技术在园林景观设计中的作用

1. 数字化表现技术的认知

数字化表现是运用的数字化的手段和工具，将园林景观设计方案以静态的图像、动态的影像或可交互的虚拟现实的形式呈现出来，准确地传达出设计方案的空间感、体量感、材质感、光感和色彩感等，带给受众一种全新的表现方式和欣赏体验。

数字化表现所运用到的相关表现处理技术、相关软件运用技术、相关表现程式可称之为数字化表现技术，它是集软件操作技术、审美意识和工程技术知识于一体的。

从内涵上来讲，数字化表现技术具有传统园林景观设计表现技术的基本特征和同等的作用，但是运用的工具更先进、手法更丰富、产生的效果更直观，运用数字化表现技术完成的作品不单是二维的、单帧的、静态的图像，还可以是三维、实时、动态和交互的三维场景。数字化表现技术包含了对空间的形式、尺度、材质、色彩、光线等表现处理技术，包含了如 3dMax、V-Ray、Photoshop 等各类相关表现软件的操作技术与运用方式，还包含了如设计平面、立面、剖面以及透视等各类表现方式。

从外延上来讲，对线性透视表现技术与色彩渲染表现技术的数码加工，或者是利用新的绘图媒介（如数位板）的表现方式也在数字化表现技术的范畴之中。

2. 数字化表现技术的优势

相对于传统的园林景观设计表现技术来说，数字化表现技术具有以下三个方面的优势：

（1）从设计师的角度来说，运用数字化表现技术，便于设计师在设计阶段进行反复推敲和不断完善自己的设计，让设计方案的部分实施问题得到及时的解决。比如，在灯光效果的设计上，传统的表现技术（如手绘效果图）虽然通过线条、色彩可以对灯光效果进行表现，但只能是受设计师个人感觉来支配，其表达创意受到工具、材料、时间的限制，没有办法表现出准确的效果。通常不能完全与工程完工后的实际效果一致，甚至经常出现这样的状况：在手绘效果图上，感觉灯光配置是合理的，但按照图纸施工出来的现场却出现了照度不足或照度过量的情况；在手绘效果图上，感觉灯光配置冷暖分明、层次丰富，但实际施工出来的现场却由于选配光源设备的型号、生产商的差异出现层次薄弱的状况，对园林设计创意产生了不良的影响。

运用数字化表现技术，可以调用光源的制造厂商提供的光域网文件。光域网文件是一种针对具体光源型号的物理性质来模拟该光源真实的亮度、照射范围分布的“*.IES”文件，这种文件通常由雷士、飞利浦等光源制造厂商发布，利用光域网文件做出来的灯光效果具有与现实生活几乎完全相同的效果。这样，设计师可以在设计阶段就直观地看到灯光分布是否均匀。在灯光设备的选配上，可以具体决定选用多少照度、多少色温值、多大照射范围的光源模块，选用哪一个厂商、哪一个型号的产品才能达到最满意的效果，方便设计师从理性的角度而不是仅凭感觉来推敲和完善设计方案。

（2）从设计工作开展的角度来说，运用数字化表现技术，减少了重复劳动，有助于提高效率、减少错误和降低成本，设计图纸便于保存和留档。比如，园林绿化装饰工程中经常由于道路景观亭、消防设备的安装导致出现空间高度与现场情况不符，需要进一步根据实际情况修改和调整设计方案。遇到这类问题，如果采用传统的表现技术绘制的手绘效果图，基本上会推翻重来，无形中增加了工作量，占用了大量劳动时间。而运用数字化表现技术绘制效果图，只需要回溯到建模流程中对空间高度数据进行修改和调整，让计算机自动重新进行一次渲染计算就可以出图，能既方便又快捷地完成要修改的设计图纸。

（3）从客户和施工方的角度来说，运用数字化表现技术，可以让客户更省时省力地去理解设计师的设计意图，让设计师能以更有效、更简明、更直接的方式去表达设计意图和实施效果，各类数据的可视化拓宽了与施工方的沟通渠道，避免了各个工种之间由于沟通不畅导致的工作衔接出错的情况，有利于搭建设计师和客户、施工方之间相互沟通的桥梁。

同时，运用数字化表现技术还能为园林绿化装饰工程项目的造价、实施提供高度可靠、集成、实时的信息，让设计师可以在一个崭新的无纸化世界里牢牢把握整个设计方案。

3. 数字化表现技术的发展

经过多年的发展，随着数字化表现软件集成功能越来越丰富、插件针对性越来越强、表现的形式和语言越来多，数字化表现技术出现了从二维的、单帧的、静态的图像向三维、实时、动态和交互的三维场景发展的趋势。这一点从近年来国内的一些重大工程上可以看出，如：上海世博会场馆工程，其设计方案表现所运用的就是三维虚拟互动表现技术。相信在不久的将来，随着计算机硬件技术和软件技术瓶颈的突破，三维虚拟表现技术很可能会全面覆盖园林景观设计表现领域。

（三）数字化表现技术的构成要素

1. 模型建立

（1）模型的分类与建模方法。建模就是在计算机中建立建筑物及自然环境空间的电子模型，在数字空间中准确地反映真实空间的形态、尺度等要素。建模的准确性和真实性是影响最终作品效果的首要因素。

在数字化表现中，电子模型中的信息主要有二维和三维两种形式。二维的信息主要指平面图像，即只有 X 轴坐标和 Y 轴坐标两个坐标方向的数据信息。三维的信息主要指立体图像，即同时具有 X 轴坐标、Y 轴坐标和 Z 轴坐标三个坐标方向的数据信息。鉴于园林景观设计作品表现的空间特性，我们一般主要研究如何运用三维的建模技术。

建模是整个数字化表现工作中劳动时间最长、强度最大的部分，采用哪种方法进行建模，将与园林景观工作效率和作品表现质量紧密相关。在园林景观设计电子模型中，我们可以按照其构件分为空间模型、内部造型模型、亭台与陈设模型三个大的类别。

空间模型包括道路、桥梁、地面围合构件等，是对原始建筑外部空间的建模，主要运用到拉伸建模技术；外部造型模型包括风景亭、陈设台、草地、配景树及造景桌椅造型等，是对建筑外部空间各构造物造型设计的建模，主要运用到放样建模和合成建模技术；桌椅与陈设模型包括各类家具、各种陈设品、各类灯具等，是对设计选配各类物品的建模，主要运用到放样建模、旋转成型建模技术等。

（2）数字化表现中的各类建模技术。

第一，拉伸建模技术是在二维 X 轴坐标和 Y 轴坐标数据已知的基础上拉伸出 Z 轴坐标数据的一种建模技术。这种建模技术操作快捷，十分有利于建立以规则面形态呈现的墙体、道路、花坛等实体。

第二，放样建模技术是由两个或更多的二维图形放样结合而成型的一种建模方技术。其中，一个图形被用作 Path（路径主要用于定义物体的深度），另一个图形被用作截面，通常称为 Shape（截面图形）或 CrossSection（横截面），主要用于定义物体的外观形态。这种建模技术相对较复杂，但有利于建立线状的、截面非规则的实体，如：道路边线、石块路等，还可以用于桥梁、花架等以曲面状态呈现的物体。

第三，合成建模技术是针对两个或更多的三维实体，运用布尔（Boolean）运算等相关方式结合而成型的一种建模技术。其中，一个三维实体被作为布尔物体，主要用于定义加或减的形态；另一个三维实体被作为布尔基础，主要用于定义加或减的后造型尺度。这种建技术法操作直观，有利于内部包含其他形态的实体，如：内凹的石桌、石椅、花坛造型等。

第四，利用合成建模技术建立旋转成型建模技术是通过指定物体的二分之一截面图形，沿中心轴旋转出相应的实体的一种建模方法。这种建模技术一般用于创建外观不规则但中心对称的物体，如：石桌、石椅、灯具等。

以上建模技术在整个数字化表现工作中都是可以灵活运用的，同时，由于个人的工作习惯不同，运用软件的侧重点不同，所采用的建模技术会肯定存在一定的差异。但总的来说，无论采用什么样的建模技术，其目的应该都是准确、方便、高效地完成要表现的空间建模工作。

2. *材质调节*

（1）真实世界中各类型材质的属性。材质是体现三维对象真实性视觉效果的主要保证，没有以假乱真的材质，模型犹如塑料积木一样不真实。材质的调节应当符合工程实际所用材料的表面特征，即符合材料表面呈现出的物理属性。这些物理属性包括颜色、质感、反射、折射、表面粗糙以及纹理等诸多方面，材质调节正是通过对这些方面进行模拟，使对象具有某种材料特有的视觉特征。

从园林景观设计工程用材的角度来分析，一般所用的饰面材质可分为木材、玻璃、金属、石材、墙纸、墙漆、陶瓷等。其中，根据其品种和表面处理工艺又可以细分为以下的类型：

第一，木材。按照品种可分为山毛榉、水曲柳、胡桃木、柚木等，按照表面的油漆处理工艺可以分为全封闭、半开放和全开放。

第二，石材。按照品种可分为莎安娜米黄、印度红、黑金砂、啡网纹等，按照表面处理可以分为抛光、火烧、凿毛、拉丝等。

第三，玻璃。按照品种可分为平板玻璃、工艺玻璃等，按照表面处理可以分为青玻璃、喷砂、雕刻、烤漆等。

第四，墙纸。按照品种可分为素色、印花等，按照表面处理可以分为肌理、压纹等。

第五，墙漆。按照品种可分为合成树脂乳液涂料等，按照表面处理可分为辊涂、肌理等。

第六，陶瓷。按照品种可分为抛光砖、釉面砖、仿古砖等，按照表面处理可分为压花、肌理等。

材质的纹理和色彩取决于所选用的材质品种，如：啡网纹石材呈现出咖啡色的颜色和强烈的纹理，而黑金砂石材呈现出纯黑的颜色和闪烁着点点金光的纹理。材质的质感取决于所选用的表面处理工艺。如：凿毛工艺处理过的石材呈现出粗糙的质感，而抛光处理的石材呈现出光滑的质感。因此，在数字化表现工作中，主要是对各类材质的纹理、色彩和质感这三个方面进行模拟并运用于园林景观设计表现中来。

（2）数字化表现中各类材质的模拟技术。材质赋予模型的过程并非简单的物理映射，数字化表现只是对真实材料视觉效果进行有限的模拟，这种有限的模拟主要包括以下两个方面：

一方面，通过材质基本参数的设定来模拟材质的质感，包括高光强度、光泽度、自发光、透明度、反射、折射、凹凸等。高光强度是用来模拟材质的高光强度，数值越大，所模拟材质的表面越光滑，比如，光洁的陶瓷类产品。光泽度是用来模拟材质反光的范围，与高光强度一样，也是数值越大，反光范围越大，所模拟材质的表面越光滑。自发光可以控制材质的表面发光状态，用来模拟材质的本身具有的发光效果，比如，打开了光源的半透明的台灯灯罩。透明度用来模拟材质透射背面物体的情况，如：全透明的青玻璃和半透明的纱帘等。反射也是对材质表面的光滑程度的模拟，如：光滑的不锈钢。折射是用来模拟水、玻璃等透明材质的光学效果。凹凸则通过图像的明暗程度影响表面光洁度，模拟材质比较粗糙的质感，如：地砖、毛石、草地等。

另一方面，通过贴图的设定来模拟材质的纹理和色彩，根据设计方案的选材方案，找到相应材料的纹理和色板图片，将其以贴图的方式赋予到模型上，与基本参数混合成为最终的材质效果。

3. 灯光设定

（1）真实世界中各类型光的属性。光线是视觉信息与视觉造型的基础，没有光线便无法体现设计作品的空间形态、造型样式、材质质感和色彩关系。因此，灯光的设定是数字化表现工作中最有挑战性的部分。在园林景观设计中所运用的光主要由自然光和人工光组成。

其中，自然光可以分为日光、月光和天空反射光；根据光的表现形态，人工光可以分为线性光（如发光灯带）、面性光（如灯盘）、发散性光（如裸露的灯泡）、聚集性光（如带灯罩的射灯）等，根据光源的类型，人工光又可以分为白炽灯、日光灯、钠灯、高压汞灯、LED 灯等。各类型光的物理属性分析如下：

第一，日光。来源于太阳，其物理特性是照度强，照射强度和光色随季节和时间变化不断地发生改变。

第二，月光。来源于月球对太阳光的反射，其物理特性是照度比较弱，照射强度和光色随空气质量和云层厚度变化不断地发生改变。

第三，天空反射光。来源于大气层对日光、月光和地球表面的人工照明的过滤和反射，其物理特性是照度相对弱，一般白天呈现偏冷的色彩。在城市中，由于地面人工照明的影响，晚上呈现出偏暖的色彩。

第四，线性光。人工照明中线状灯具产生的光的表现形态，其物理特性是照射方向沿线状发散，照射强度和光色随光源产生变化。①面性光：人工照明中面状灯具产生的光的表现形态，其物理特性是照射方向基于一个面向同一个方向发散，照射强度和光色随光源产生变化。②发散性光：人工照明中点状裸露灯具产生的光的表现形态，其物理特性是照射方向基于一个点向各方向发散，照射强度和光色随光源产生变化。

第五，聚集性光。人工照明中带有灯罩的灯具产生的光的表现形态，其物理特性是照射方向基于一个点向某一个方向发散，发散角度和方向为灯罩所控制，照射强度和光色随光源产生变化。

在数字化表现中，一般通过对光的照度、色温、照射范围和衰减范围等方面来模拟灯光物理属性。其中光的强度由照度进行模拟，光的色彩由色温进行控制，光的大小和角度由照射范围和衰减范围来控制。

（2）数字化表现中各类型光的模拟技术。在数字化表现中灯光的作用不仅仅是将空间照亮，而是要通过灯光效果向观众传达更多的信息，来决定空间的基调或是感觉，烘托空间的气氛，所以说光影效果是园林景观设计方案美感的灵魂。要达到场景最终的真实效果，灯光布置既要考虑整体光照效果，也应注意与季节、时间、地域等因素有机协调统一，注意灯光在颜色、亮度、投射角、衰减度、阴影等方面与整体空间的关系。

数字化表现软件对灯光的模拟有多种方式，以 3DSMAX 软件为例，它提供了 Target spot（目标射灯）、Target direct（目标平行光）、Free spot（自由射灯）、Free direct（自由平行光）、Omni（泛光灯）、Linear（线光）、Area（面光）等多种灯光方式。其中，Target spot（目标射灯）和 Free spot（自由射灯）具有明确的照射方向和照射范围，可以对物体进行选择性的照射，通常用来模拟石英射灯和金卤射灯的照射效果；Omni（泛光灯）是由一个点发散照亮周围物体，没有特定的照射方向，通常用来模拟裸露的灯泡；Target direct（目标平行光），Free direct（自由平行光），通常可以用来模拟阳光、月光效果；Linear（线光）和 Area（面光）通常用来模拟日光灯管和日光灯盘的效果；天空光则可以在渲染计算过程中模拟。

4. **摄像机设定**

（1）真实世界中摄像机的取景方式。在真实世界里，影响园林景观设计摄影的因素颇多，比如：用光、器材、选题、取景方式等。其中，取景方式是关键所在。取景方式主要通过主题、距离、方位和高度这几个方面来把握。

园林景观设计摄影先要明确表现的主体空间或主体造型，这就决定拍摄的对象占画面中怎样的位置，重点在什么地方，主体对象相对于陪衬对象如何对比。拍摄距离的远近直接影响被摄主体对象的大小，距离主体近一些，则主体更加突出；反之视野就比较开阔，更能够表现主体对象与周围陪衬对象的关系。拍摄方位能够决定被摄对象在画面中的结构方式，使构图形式更富有表现力和感染力。

合适的拍摄高度主要是为了塑造主体对象形象和表达主题思想，如：仰拍可以收到高大挺拔的效果，平视拍摄能够反映空间的原貌，俯视拍摄善于表现整体空间的规模和气势。

（2）数字化表现中摄像机的模拟技术。一幅渲染出来的图像其实就是一幅画面，在模型定位之后，光源和材质决定了画面的色调，而摄像机的设定就决定了画面的构图，可以确保渲染后的画面重点突出，主次分明，虚实得当，疏密有间，是获得理想画面的关键。

数字化表现软件模拟的摄像机与真实的摄像机有着共同的概念和术语。如视角范围，真实摄像机是用镜头拍摄的，因此有一个拍摄范围，超出部分自动被切掉，模拟的摄像机则在视图中用一个锥形表示，锥形之内都是可以拍摄到的，也就是可见的。又如镜头的焦距，真实摄像机的镜头有普通镜头、长焦距、广角镜头等，长焦距类似于望远镜，能够清楚地拍下远方的物体，但是拍摄范围（视野）太小了；广角镜头刚好相反，距离近但是视野宽，模拟的摄像机同样可以进行相同效果的设定。

在数字化表现表现工作中，确定摄像机的位置应考虑到人的视觉习惯，在大多数情况下视点不应高于正常人的身高。同时，也可以根据园林绿化的空间结构，选择是采用人蹲着的视点高度、坐着的视点高度或是站立时的视点高度来表现空间。不同的摄像机的高度将带来不同的感觉，如：在采用人站立时的视点高度时，目标点一般都会在视点的同一高度，也就是平视，这样墙体和柱子的垂直廓线才不会产生透视变形，给人稳定的感觉。又如：在采用人蹲着时的视点高度时，目标点一般都会在视点高度的上方，空间将产生较大的透视变形，给人以气势恢宏的感觉。

对于园林景观设计表现作品来说，取景角度十分重要，这关系到如何全面、客观地将最精彩的部分呈现给客户，吸引客户以便于接收设计的效果。在取景角度设置中主要考虑画面的构图问题和建筑透视的特点，常用的取景角度有以下两种：

第一，正面角度。这有利于表现空间的正面形体，使画面产生一点透视，具有稳定感和较强的纵深感，形体对称的空间比较适合这种拍摄。

第二，斜侧面全局拍摄。这种拍摄方位所得画面既能表达出被摄对象正面的主要特征，又能展示侧面的基本特征，具有三点透视的效果，能够加强立体感，使空间富有层次和透视感，易于突出主体空间感和园林绿化全局。

5. 渲染设置

（1）Lightscape 和 V-Ray 两种渲染技术的对比。在数字化表现工作中，若想看到模型、材质、灯光、色彩结合后的最终结果，就需要让软件使用渲染器计算生成特定分辨率的静态图像或动态影片，这个过程就称为渲染。

目前，Lightscape 和 V-Ray 两大渲染软件凭借效果逼真、易于使用的优势，以及各自在渲染方面的功能特点（Lightscape 采用的是光能传递技术 Radiosity，V-Ray 采用的是光影跟踪技术 RayTracing），在渲染领域尽显风采，吸引着在渲染上有着不同需要的用户。

Lightscape 采用的光能传递技术，是计算机图形专家借鉴热动力学领域的方法模拟发热体表面之间的热能辐射传递的算法，发明出一种全局照明的计算方法光能传递，又称为辐射通量度。

光能传递不用确定每一点的颜色，而是计算三维模型中各个离散点的光照强度。先把原始表面划分成面积较小的网格，在光能辐射过程中，计算从各个网格元的分配到其他各个网格元的光线量，并保存每个网格单元的光能传递值。其优势是考虑了表面之间的光线交互和漫反射，计算结果独立于视图，摄像机位置的变化并不要重新全部计算而可以通过硬件的辅助线扫描技术来快速的显示在屏幕上。其缺陷在于，需要很多的内存，再者表面取样的算法比光影跟踪容易图像上产生人工的痕迹，没有考虑镜面反射和透明效果。

V-Ray 采用的是光线跟踪，是一种可以精确模拟直接光照、阴影、镜面反射和透明材料等全局光照特性的繁复的算法。

使用光线跟踪算法创立一幅图像，对计算机屏幕上的每个表面像素点要进行位置、显照量、反射度、追踪深度的相关计算。其优势是对模型的精度要求不高，可以兼容凹凸等多种材质设置；其主要缺点是没有考虑表面之间的光交换和交叉漫反射所形成的间接照明，另外，当光源较多并且模型复杂时，计算量较大导致速度很慢。

（2）数字化表现中渲染技术的关键要点。无论在制作的过程中，还是在已经制作完成时，都要通过渲染来预览制作的效果是否理想，由于渲染的计算量大，占用的时间多，作图效率就会受到制约。因此，数字化表现中渲染技术的关键要点主要在于对渲染速度的控制。渲染速度的控制主要有以下两个方面：

一方面，在设置上控制渲染速度，如：控制多边形的数量，场景中多边形的数量越少，光能传递的速度就越快。因此，在保持模型基本形态的前提下，尽量对模型进行优化，以减少多边形的数量，并且要对一些在视图中看不到的面进行删除。又如：在对最终渲染结果影响不大的情况下，使用光线追踪贴图来代替一部分光线追踪材质，可以节省许多渲染时间。

另一方面，在工作程序上控制渲染速度，不要建立一个物体就渲染一下看看，这样会占用很多作图时间，应尽量控制渲染次数。①建立好基本结构框架时；②建立好内部构件时（有时为了观察局部效果，会进行多次局部放大渲染）；③整体模型完成时；④相机设置完成时；⑤在调制材质与设置灯光时；⑥一切完成准备出图时。另外，也可以在采用在建模初期进行整体渲染，到细部刻画阶段采用局部渲染的方式来节约时间。

6. **后期处理**

（1）后期处理技术分析。后期处理主要是对渲染出来的图进行裁剪、校色、增强光影、添加配景等方面的加工，其目的在于强化效果。大部分设计师都把重点放在了用三维软件进行制作的阶段，容易忽略后期处理的工作。其实，合理的后期处理可以使效果图更好地体现细节，可以提高工作的效率。

Photoshop 软件具有强大的图像编辑功能，在数字化表现中主要用到裁剪、色阶调整、色调调整、锐化调整、添加配晕等图像编辑技术。裁剪可以让主题更加突出，让构图更加完美。色阶调整可以让对比度和饱和度恰到好处，还可以让色彩更通透。色调调整可以让颜色更鲜艳一些，还能针对某个区域的更换颜色倾向。锐化调整可以改变其锐度，在每个色块的边缘自动分析明暗对比度，去掉一些过滤值带来的模糊。添加配景可以根据需要，添加人物、植物、陈设等配景，使画面效果更具有细节，气氛更活跃。

（2）通道图的作用。五颜六色的彩色印刷品，其实在其印刷的过程中仅仅只用了四种颜色。在印刷之前先通过计算机或电子分色机将一件艺术品分解成四色，并打印出分色胶片，单独看每一张单色胶片时不会发现什么特别之处，但如果将这几张分色胶片分别着以C（青）、M（品红）、Y（黄）和K（黑）四种颜色并按一定的网屏角度叠印到一起时，会发现原来是一张绚丽多姿的彩色照片。通道（Channels）的原理类似于四色印刷技术，实际上是一个个单一色彩的平面。

Photoshop软件中的魔术棒选取工具可以对单一色彩的区域进行一次性的点选，利用这一原理，我们可以在渲染出图时单独渲染一张不带材质、光照、纹理的纯色图，将其作为通道图。通道图的使用可以让区域的选择变得简单快捷，比如，我们需要对某一块地毯进行颜色调整，不采用通道图将要耗费大量的时间抠出其形状再调整，而采用通道图只需要用魔术棒选取工具一次点选操作就可以进行颜色的调整，极大地提高了作图的效率。

第五章 标准化园林景观设计

第一节 小游园景观与庭院景观设计

一、小游园景观设计

小游园属于城市公园绿地，泛指面积小（1~10hm^2）、服务半径短（0.3~1km），功能简单、形式多样、相对独立的小型绿地，包括街头小游园、小区游园、街旁绿地、小型带状公园等，其功能以植物种植为主，可供居民短时休息、散步、娱乐之用，步行5~10min即可到达。小游园是居民重要的室外活动空间，是城市园林绿化系统中分布最广、使用率最高的组成部分，是城市环境中不可替代的自然因素。

（一）小游园的功能

小游园是城市绿地系统的重要组成部分，其功能包括社会功能、生态功能和经济功能。

1. 社会功能

社会功能包括提供休闲游憩的场所、增强城市景观美感、保护历史文化资源、防灾与减灾、文化科普教育5个主要功能。

（1）休闲游憩的场所。小游园常星斑块状散落或隐藏在城市结构中，直接为附近居民服务，步行几分钟即可到达。因此，小游园往往成为社区的小型活动空间、健身空间、儿童游乐空间、会见朋友的交谈空间、午餐休息空间等，扮演着邻里公园的角色，为繁忙都市提供了一个庇护所，为人们休憩、放松提供了场地。

（2）增强城市景观美感。小游园以植物造景为主，植物丰富的色彩和季相变化，可以美化城市空间，增添自然景致，提高城市景观的艺术效果，提高居民的归属感和社区的凝

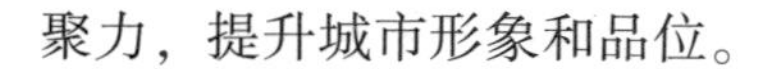
聚力，提升城市形象和品位。

（3）保护历史文化资源。小游园的规划和建设往往结合具有悠久文化历史的城墙、护城河、雕塑、名人故居、历史传说、历史街区等资源进行，使之免受人为活动、城市开发的干扰，这对传承城市的历史文脉起着重要的保护作用。

（4）防灾与减灾功能。小游园的绿地不仅是居民休闲游憩的活动场所，也在城市防火、防灾、避难等方面起着重要的作用，如：地震发生时作为避难地、火灾发生时作为隔火带。

（5）文化科普教育功能。小游园给人们提供了认识自然、体验自然的良好机会，使人们对于人与自然的共生关系产生深刻的理解。

2. **生态功能**

小游园的建设与整个城市绿地布局关系密切，它能完善城市的绿地系统、扩大绿地面积，更好地发挥园林绿地的生态功能和改善生态环境的目的。当然，由于小游园面积一般较小，其生态功能具有一定的局限性，但作为小型绿色斑块，分散在城市的各个角落，数量众多，仍然能够为城市提供可渗透的地表界面，为小动物（尤其是鸟类）提供栖息的空间及廊道，为物种多样性的提高创造条件，为野生动物繁衍提供良好的生态环境，并可促进养分的储存与物质的循环。此外，城市小游园还具有控制水土流失、涵养水分、净化空气、降低噪声、调节城市小气候、改善环境等生态功能。

3. **经济功能**

城市小游园的绿色环境能提升周边土地价值，改善城市投资环境，提升城市的吸引力，从而给城市带来间接的经济价值。同时，历史文化型的小游园往往成为城市的重要旅游资源，促进城市的旅游业发展。

（二）小游园景观设计内容

1. **确定小游园的性质与类型**

（1）性质定位。小游园景观设计之初，应先了解上位规划，如：《城市总体规划》《区域详细规划》《城市绿地系统》或其他专项规划，对该绿地的定性，并结合其具体位置、面积、现状条件、周围环境、服务半径等内容，确定小游园性质，如：街旁绿地（G_{15}）、带状公园（G_{14}）、小区游园（G_{122}）、附属绿地（G_4）等，性质不同，决定了设计定位、服务对象、标准、内容的差异。

（2）类型。按照小游园的构成条件和功能侧重点不同，可以将小游园分为：生态保护型、景观展示型、休闲游憩型、历史文化型等。当然，以上类型的划分不是绝对的，现实中，可能是多种类型的交叉混合、多种功能的综合，设计时应根据具体情况而定。

2. 小游园主题与文化氛围营造

小游园的设计应充分体现地域精神、文脉特征、城市风貌，让参与其中的群众喜闻乐见，切忌照抄照搬，让人不知所云。小游园的起名、整体布局、道路形态、园林建筑、中心雕塑等，尽可能具有一定的文化内涵；植物选择、景观营造、季相变化，能集中体现当地乡土植物景观特色。

3. 小游园内容的确定

（1）服务对象。小游园的内容设置应考虑满足各阶层、各类型、不同人士的需求。服务对象的了解可以根据小游园的位置、类型、周围居住人口状况，并结合实地调查、问卷、社区走访等途径，调查相关数据，如：总人口、人口构成（流动、固定）、人口比例（老年、儿童的比例）、职业状况等。

小游园设计的关键是针对不同服务对象，设计不同的内容，若流动人口（旅游、路过）多，则应注重交通组织、休息桌凳的数量及景观展示；若周边居住人口多，特别是老年、儿童较多时，则应注重老人活动、儿童游戏场所的设置。

（2）功能区设置。小游园属于公共绿地，应根据不同人群、不同功能定位、不同类型进行合理的功能区划分，一般功能区可以包括：入口景观区、儿童游戏区、青少年运动场所、老人活动区、体育健身区、中心景观区、生态景观区等。由于小游园面积有限，功能区的设置应根据周边环境、人口状况，因地制宜进行。条件允许时，应争取公众参与，即方案设计完成后，设计师应与地方政府、社区组织、群众进行充分交流、沟通，力求使方案能满足群众需求、景观优美、经济节约。

4. 小游园的组织交通

小游园一般面积较小，并分布在道路旁、庭院内或办公楼周边，人流密集、道路复杂，设计时应根据人的行为活动规律（如：行人喜欢走捷径的心理），对小游园的主要出入口、道路、活动空间等内容进行推敲，利用道路组织空间序列，保证小游园内路过的行人、游玩的人、观景的人等具有不同活动目的的人之间不会相互干扰。入口应设在城市道路主人流方向，周边可根据需要设 2~4 个次入口。主入口处可适当加宽或设小型广场以便人流集散，广场中心或入口焦点处，可设花坛、假山、雕塑、水景、造型植物、景石等作为焦点景观（或对景），提高景观价值。

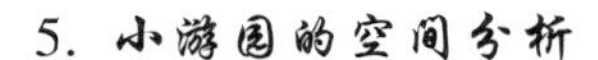

5. 小游园的空间分析

为满足不同人群活动的要求，设计小游园时要考虑到动静分区，并要注意活动区的公共性和秘密性，如：直线型的通道边可设花架或凹入式座位，使之在不影响人流通行的前提下，获得相对私密的空间，使人有所庇护而又能舒适地观看环境，避免了空间的单调。在空间处理上注意动观与静观、群游与独处兼顾，人们一般不愿站在众目睽睽的中心位置，而喜欢背靠墙体、大树、绿篱等掩护物，人有依靠便感到舒适、轻松。不同空间类型都各有所需，喜欢私处静享的人能找到需要的空间，休闲游憩的人能有地方锻炼、娱乐和休闲。

6. 小游园的景观分析

根据小游园的位置及面积，若位于市中心、人流集中、面积较大，可在园区内设置入口景观区、中心景观区，并通过地形营造、植物配置，点缀雕塑、小品、水景等要素，形成景点主次分明、空间层次丰富、动线明显、步移景异的特色小游园。园区中的雕塑小品要注重力度感和动感的创造，选取富有生机、活力和希望的主题形象，造型宜简洁生动，让人有亲切感。

7. 小游园的植物配置

小游园是公共绿地，在满足具有一定游憩功能的前提下，应尽可能地运用本地乡土植物进行配置，充分利用植物大小、种类、姿态、体形、叶色、高度、花期及四季的景观变化等因素，考虑常绿与落叶搭配、乔木与灌木搭配、花卉与地被地被相结合，提高公共绿地的园林艺术效果，创造优美的环境，达到“春到花便开、秋来黄叶落”的自然景致。

8. 小游园的竖向设计

竖向设计，是在水平面垂直方向的设计。小游园面积较小，在设计中应注意空间的组织、竖向的变化，避免一览无余、平铺直叙。

竖向设计的作用：可以提高小游园的土地利用率，优化功能空间，形成空间的开合变化，达到步移景异、小中见大的效果；提高空间的艺术质量，地形的变化能增加景观的层次感，充分表现植物的自然美、地形的艺术美、光影的变化美；提高空间的环境质量，有效调节光、温、热、气流的变化，形成舒适的小气候环境；有利于排水等。因此，在小游园设计中，一定要充分利用地形、大树、雕塑、园林建筑物等景观要素的竖向高差变化，营造小而丰富、小而适宜、小而精致的环境空间。

二、庭院景观设计

庭，初称“廷”，是室外的围合平地，后发展为“朝廷”，亦指室外。尔后随着建筑围合，“庭”字出现，“堂下至门谓之庭”“庭，堂阶前也”。院，同“垣”“有墙围合之庭。”因此，庭院，是指由建筑、亭廊、院墙（或栅栏、绿篱）等，围合或半围合所形成的露天空间，包括天井（建筑内部）、中庭（建筑围合）、庭、院及建筑周围的场地等空间范围。

庭院类型，按不同的属性，有不同的划分方法，按风格划分，可分为中式、日式、欧式、美式、现代中式等；按使用者划分，可分为私家庭院、单位庭院、公共庭院；按样式划分，可分为自然式、规则式、混合式等；按所处环境和功能划分，可分为住宅庭院（包括民居、公寓、别墅等）、办公庭院（包括行政办公、科研、学校、医院等）、商业性庭院（包括商场、宾馆、酒店等）、公益性庭院（包括图书馆、博物馆、体育馆等）。当然，不论何种庭院，其使用对象都是人，是一个集休闲、娱乐、生活、工作等多种功能于一体的空间。

（一）住宅庭院景观设计

住宅庭院，是住宅内部、周边或前后的生活空间，一般由出入口、住宅、庭院（前庭、中庭、后庭）等几部分组成，面积大小不一，是家庭成员休闲、小憩、娱乐、锻炼、聚会的场所，对于提高居家生活质量起着重要的作用。

1. 住宅庭院的功能与特点

（1）室内空间的延伸。庭院是室内空间的延伸，既与室外空间相连，又对室内空间起到补充和调节作用，是日常休闲活动的场所，既可在庭院中聊天、散步、娱乐，还可呼吸新鲜空气、享受明媚阳光、欣赏自然景致等，这些都是室内空间无法替代的。

（2）安全感。庭院的安全感，取决于庭院内在、外来的安全因素，内在的安全因素包括景观元素（如：水池、电路、园林小品、植物、道路等）在被使用过程中的安全性；外来侵犯因素的处理，包括外来人员、动物、外部噪声、光影、粉尘等不利因素的影响。庭院设计中，安全感的细心考量，直接影响到后期庭院的使用。

（3）私密性。庭院空间是一个外边封闭、中心开敞，相对私密性的空间，有着强烈的场所感，这是“家”的概念，人们在此可以充分享受自己的自由、随意、自然，不用担心外人打搅。

（4）景观性。庭院中的自然景观，应做到景中有景、画中有画，咫尺千里、余味无穷，增加室内的自然气息，改善居住环境，使庭院成为住宅一个不可分割的组成部分。

（5）文化品位。庭院的内容、风格、装饰、小品等，在一定程度上，反映了业主的文化品位，也营造出了庭院的文化氛围。庭院文化包括家庭文化、亲情文化、吉祥文化、教育文化、民俗文化等。

2. 住宅庭院景观设计内容

庭院景观设计是在住宅周边的空地上，或在已有庭院景观的基础上，新建或改造庭院景观的各种要素，达到既能满足家庭成员日常活动的需求（实用性），又能满足景观欣赏的需求（艺术性）。同时，还应有良好的庭院小气候环境（生态性）、合理的庭院投资造价及增加房产价值（经济性）。

庭院景观设计的内容，包括场地的踏勘与特征分析，客户需求调查，相关资料、法律法规的查询，庭院风格的选择及确定，庭院空间划分及道路的安排，微地形与给排水的设计，植物景观设计，小品及其他构筑物的设计，用电及灯光照明设计，等等。

（1）庭院场地分析。庭院场地分析，是景观设计的基础，主要包括以下内容：

第一，资料准备。图纸，包括小区总图、住宅平立面图、庭院尺寸图等；资料，包括房产证（面积、房产平面图、边界等）、气候资料、法律法规等。

第二，现场踏勘。测量场地尺寸，核实图纸尺寸及确定边界；确定建筑的各个转角、门窗位置，住宅各功能空间的布局、关系及尺寸，建筑立面尺寸、材料、装饰及层高，给排水口、电表及其公共设施的位置；原有植物的状况（如：定位、种类、大小）及价值；场地的其他自然特征，如：岩石、溪流、地势的起伏变化等，土壤的状况，冬、夏盛行的风向等相关内容。

第三，周边环境分析。对庭院环境不利因素的分析，如：噪声、灰尘、汽车灯光以及其他可能的干扰；视线环境，不利的视线空间应遮蔽或屏障，如：容易被俯视、暴露、偷窥的场所，有利的视线空间应开敞，如：面山、面湖、观景等；研究各个房间与庭院的关系，房间的朝向、光线，窗户的视线等。

现场分析时，应结合图纸，在图上进行适当的注记，并拍摄现场照片或录像，以利后期景观设计时回忆场地和建筑物特征，也可作为景观设计前后的对比。

（2）用户需求调查与分析。庭院的使用者是业主，因此，景观设计必须认真考虑业主的需求，设计出满足各种需求的场所和空间，庭院的价值才能真正体现出来。为了得到合理的用户需求分析，必须与用户进行探讨、交流和调查，须重点了解以下内容：

第一，用户基本情况。家庭成员的年龄、性别、业余爱好，在庭院内休闲活动的时间、方式、人数，永久居住还是过渡住所，是否有宠物等。

第二，理想中的庭院。是否需要草地、水景、平台（木质、石质）、假山、雕塑、亭廊、灯光照明、植物、道路、游泳池、健身方式及设施、户外家具（桌椅、沙发、长凳、躺椅等）、宠物间、储藏间、工具间、车库等，植物、材料、铺装、色彩的偏好，庭院使用方式（娱乐、户外餐饮、烧烤、日光浴、运动方式、休闲等）、庭院围合方式（围墙、绿篱、木栅栏、植物）等。

第三，活动场地。草地运动（日光浴、瑜伽、健身、足球、排球、羽毛球、网球等）、儿童活动场地及所需的设施（沙坑、秋千、组合玩具、滑梯等）、园艺空间（菜地、花圃、苗圃、温室等）、综合服务空间（晾衣物、宠物玩耍、餐饮等）、其他空间等。

调查了解以上内容，可以结合图册，使用户了解庭院空间使用的各种可能性，并根据庭院的大小，决定内容的取舍，这样有利于景观设计的推进和得到客户的认可。

（3）庭院风格的选择及确定。庭院风格是指一个时代、一定地域或一个设计师的庭院景观作品，在设计内容、表现形式、审美意识等方面所显示出来的、相对固定的格调和气派。庭院风格主要包括中式、日式、欧洲古典式、英国花园式、东南亚式、伊斯兰庭院、现代庭院式等。

第一，中式庭院。自然式山水庭院，将建筑、山水、植物有机融合，模拟自然景致，“虽由人作，宛自天开”，重视寓情于景、情景交融，寓意于物、以物比德。主要庭院要素包括小桥流水、假山叠石、花街铺地、自然植物种植、中式庭院建筑（亭、廊、榭等）、匾额石刻等。

第二，日式庭院。日式庭院，主要指日式枯山水庭院，受中国文化的影响，将写意园林、禅悟思想、静穆极致结合起来，景观中以几块山石、一片白沙、精致的植物，营造出一方庭院山水，咫尺之间而有万千山水景象，是凝练、极简、深邃的东方山水景致。主要庭院要素包括山石、白沙（波浪耙纹）、自然步石、石灯、石水钵、青苔、质朴的庭院建筑（亭、门、堂等）、自然式植物等。

第三，欧洲古典式。包括意大利、法国、德国等欧洲国家的古典式庭院，主要特征为规则几何式，有轴线、左右对称，修剪整齐的绿篱或刺绣花坛，喷泉、雕塑点缀，装饰特征明显、参与性不强。主要庭院要素包括修剪植物、刺绣花坛、几何式图案、水景、喷泉、雕塑、欧式花钵、欧式亭、拱廊、壁泉、欧式庭院灯等。

第四，英国花园式。主要指英国近现代以园艺植物种植和欣赏为主的花园，庭院中心

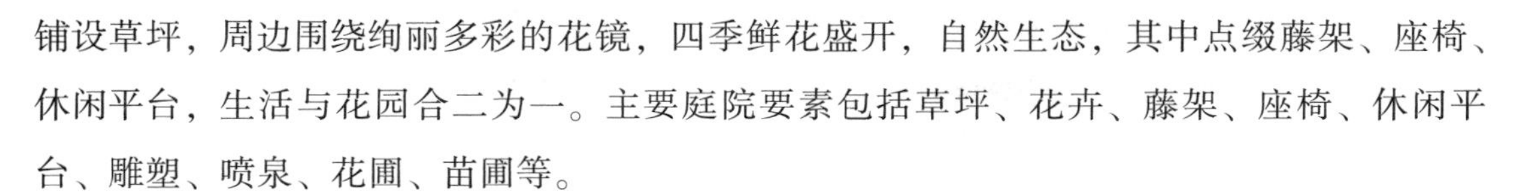

铺设草坪，周边围绕绚丽多彩的花镜，四季鲜花盛开，自然生态，其中点缀藤架、座椅、休闲平台，生活与花园合二为一。主要庭院要素包括草坪、花卉、藤架、座椅、休闲平台、雕塑、喷泉、花圃、苗圃等。

第五，东南亚式。东南亚，地处亚洲东南部，热带气候区域，受海洋、岛屿景观及多种宗教文化的影响，庭院内宗教氛围浓郁，热带植物繁茂，硬质景观材质自然、做工精致，水景应用达到极致，景观与自然融为一体，充分考虑生活、休闲、健康的内容及相关设施，具有明显的地域特征。主要庭院要素包括热带植物、宗教雕塑（小品）、水景（动态、静态）、质朴的铺装（木、石）、原始质朴的庭院建筑（纳凉亭、廊、桥）、游泳池（规则式、自然式、无边际）、喷泉、沙滩等。

第六，伊斯兰庭院式。由十字形的水渠将庭院划分成四块，中央是喷泉或水池，十字形水渠各代表一条河流，隐喻“天园”中的水、乳、酒、蜜四条河流；所有地面以及垂直的墙面、栏杆、座凳、池壁等要素的表面都用鲜艳的陶瓷马赛克镶铺；地毯式的草坪上色彩缤纷，一般用花草图案、几何图案和阿拉伯数字做花边装饰；主要庭院要素包括十字形水渠、喷泉、水盘、修剪的树木、图案、马赛克、伊斯兰凉亭、果树等。

第七，现代庭院式。以景观效果为主，没有固定的样式，线条简洁大方，景观材料多样，适当点缀雕塑、水景，植物种植以生态自然为主，并便于后期维护和养护，注重生活和休闲空间的营造。主要庭院要素包括植物、水景、游泳池、雕塑（现代或古典）、休闲平台等。

（4）庭院功能空间的划分。通过现场踏勘、调查了解用户需求、确定大概风格后，须结合庭院现状，进行功能区的划分，可以使用“泡泡图”“饼形图”、用地分区图或其他草图，结合初步的人流动线，确定各分区的大致尺寸和形状，绘制几种不同的组合方式，以确定最佳的方案。

庭院的功能区，一般可分为公共区、私人活动区、服务区和景观隔离区。

第一，公共区。暴露在公众视线之下的部分，通常包括入口前院和部分侧院。

第二，私人活动区。为庭院主体，即户外生活区，是家庭成员休闲娱乐、放松消遣、进餐等活动区域，与公共视线隔离，外人不得随意进入，一般位于后院或侧院较宽敞的区域，内容包括游泳池、天井、平台、游戏区、儿童娱乐场地及其他休闲娱乐设施。

第三，服务区。以家庭生活服务、或庭院园艺服务为目的，是日常生活及维护庭院的重要组成部分，如有菜园、垃圾桶、储藏间等内容，常常一片凌乱，一般应隐藏起来，位置可以放在稍偏僻的侧院或后院。

第四，景观隔离区。庭院中，自然景观的主体，是庭院内各分区之间的隔离或过渡带，也是庭院与外围环境的隔离区域。

庭院功能的划分没有绝对的标准，应根据用户需求、场地大小、空间特征等进行合理的划分和有机融合，使之达到既美观又实用的综合效果。

（5）道路与休闲平台设计。庭院道路通常分机动车道和园路。由于庭院面积一般较小，机动车道与停车场（库）应尽量布置在入口庭院处，并以少占庭院面积和不显眼为最大原则。园路在庭院中可分为主园路、次园路、小径、步石等。园路既是通道，也是景观，其宽度、形态、铺装，应与庭院的整体风格、形态、文化品位结合起来，便捷通畅、精致简洁，既满足功能又美观大方。

休闲平台是连接室内、外的场所，可以是独立的平台，也可以是道路的加宽，作为室外用餐、集会、休闲放松的场所。平台大小取决于地形、面积、家庭成员的数量及需求；平台面积应适度，太大显得浪费、太小则不够用。条件允许时，可将平台前的草坪作为休闲之用。

道路及平台的铺装材料以石材、木材、混凝土、砖块等为主，力求质朴、自然、美观、实用，便于后期的维护和管理。

（6）微地形与给排水设计。庭院景观设计中，应充分发挥场地中的自然形象特征，如：突兀的岩石、起伏的山丘、台地或地形坡度变化等。微地形的变化，可以起到挡风、屏障、增加庭院围合感、提高乔灌木的观赏价值、有利排水等功能。

微地形设计时，应充分考虑土方的来源，计算土方平衡，做到经济美观；园路应沿着地形等高线方向，逐渐起伏变化，当坡度超过20%时，应设台阶或踏步；原有树木保留，其周围地形重新改造时，必须建造墙体保护原来的根系，以使其免遭破坏、暴露或被深埋死亡；当地表自然排水系统不能解决问题时，要结合地下排水管道进行；应充分考虑庭院给排水系统的设计，预先埋设管线，避免地形的二次开挖。

（7）庭院中的植物配置。庭院中，植物的主要功能是提供自然、舒适、优美的生活环境，由于庭院面积相对较小，与人关系较为密切，所以植物配置时应充分考虑植物品种、大小、形状、质感、色彩、季相变化等，因地制宜、合理配置、精心雕琢，使庭院景观精美别致。庭院植物配置的重点为入口庭院、庭院景观中心、建筑周边、庭院背景和隔离带等处。

第一，入口庭院。为住宅入口的焦点景观，半公共性质，是一个家庭的门面。植物配置可用开花、色叶、有型的灌木或小乔木，地被栽种多年生花卉，或结合高低错落的种植

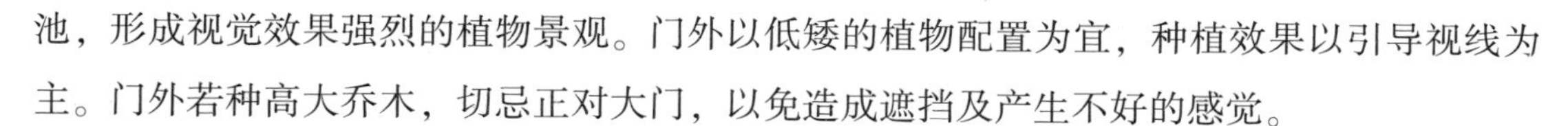

池，形成视觉效果强烈的植物景观。门外以低矮的植物配置为宜，种植效果以引导视线为主。门外若种高大乔木，切忌正对大门，以免造成遮挡及产生不好的感觉。

第二，庭院景观中心。在人流活动较集中的休闲平台、草坪、庭院入口、客厅外景等处，利用乔灌木、花卉、地被等植物要素进行配置，并结合景石、雕塑（小品）、景观灯等园林装饰物，形成庭院突出的主题、重点、焦点景观，以吸引注意力，成为庭院的景观中心。

第三，建筑周边。靠近建筑 2m 的范围内，只宜种植低矮的灌木和花卉，高大的乔木宜远离建筑，以免遮蔽阳光。树木可种植在能遮掩建筑中不理想、难以处理的角度和线条的地方，从而创造出庭院统一、协调的整体效果。乔木种植一定要预留植物生长足够的空间，并与建筑保持一定的间距。

第四，庭院背景和隔离带背景树。通常都具有遮阴、防风、屏障等功能，在不影响相邻庭院光线的前提下，可以适当栽种高大的乔木。隔离带应结合围栏、围墙、栅栏等构筑物选择植物，可用爬藤植物、高绿篱、大树等，形成具有一定隔离和屏障作用的景观。

庭院植物配置时，种类不宜过多，一般以常绿树为基调树种，并辅以开花、结果、香花、色叶、季相变化丰富、具一定文化内涵的传统植物，如：桂花、玉兰、缅桂、紫薇、海棠、石榴、樱花、苹果、梅花、山茶、杜鹃、蜡梅、兰花、米仔兰、竹子、菊花等，营造绿意盎然、花开不断、果实累累、暗香浮动的庭院植物景观。

（8）园林装饰小品设计。在庭院中，具有强烈视觉效果而极具吸引力的园林装饰小品，如：花坛、花钵、雕塑、小品、置石、特殊的灯饰、音响设置及其他艺术品和收藏品，放在庭院中，能起到画龙点睛的效果。

（9）构筑物设计。装饰、美化庭院内的构筑物包括廊架、花架、棚架、装饰性景墙、围墙、栅栏、树篱及其他构筑物等，可以起到遮阴、屏蔽、围合或者框景的作用。

（10）水景营造。水，具有柔美、静秀、灵动的审美特质，常常受到人们的喜爱。在庭院中，流动的水能产生悦耳的声音，增添宁静氛围；平静的水面能倒映周围的景致，具有很强的视觉冲击力；水还可以增加庭院的空气湿度，改善局部生态环境。

水景可以是泳池或景观水池，也可以是溪流相连的多个水池，或带有瀑布、喷泉、壁泉的水池构成，景观水池中还可放养观赏鱼、种植水草、设置雕塑等；并常用作构景中心，形成主景；也可划分、隔离或联系不同的景观分区，使庭院成为一个统一的整体；水景设计时，不论水面大小，都应能循环，切忌死水一潭。

（二）办公庭院景观设计

办公场所从使用者的角度划分，包括行政办公、商务办公和科研办公。庭院是办公场所中的自然区域，通过庭院，将空气、阳光、水、绿化等自然因素引入到工作场所中，具有生态调节的功能，可以增添情趣、消除疲劳，并能激发人们积极向上的活力。此外，庭院在办公场所中还起到交通连接、信息交流、休闲娱乐的作用。根据庭院在办公场所的位置及功能不同，分为入口庭院、中庭、过渡庭院和外围庭院。

1. 入口庭院

入口庭院的功能主要包括标志性、人流集散和具有良好的景观效果，因此，庭院景观设计时应围绕这三个功能进行。

（1）标志性。办公场所的入口前应有明显的名称、标志或门牌，有利于外来人员的识别，景观可以结合景墙、花坛、花池、雕塑小品、地形或其他构筑物进行统一设计，力求简洁、美观大方，并能表现出办公场所内在的特质和良好的形象。

（2）人流集散。入口庭院是办公人员或外来人员进出、小憩、等候、游赏的区域，因此，不仅要有满足大规模人车进出、交通便捷的道路，还应有供人短暂停留的空间及设施，同时，要考虑人车分流及停车场的设置。

（3）景观效果。入口庭院是办公场所与城市公共环境之间过渡、衔接的部分，作为城市公共环境的一部分，应有良好的环境效果，赏心悦目的景观、构筑物、小品或休闲设施，显示出欢迎外来者的姿态，鼓励人们自由进出，增进交流，使办公场所的气氛亲切宜人，产生领域感，形成活动场所。

2. 中庭

中庭，是指四周被办公场所围合或部分围合的庭院空间，是最常见的庭院空间形式。中庭为办公区域提供了良好的景观、阳光和新鲜空气，是办公人员共享的空间，可以在此进行各种活动，如：休闲、娱乐、交流等。

中庭景观设计时，应考虑办公场所出入口与庭院空间道路布置之间的关系：中庭内活动场所的设置与办公区域之间的隔离；中庭作为办公场所内的视觉中心，景观设计时应考虑各个角度的观赏效果；中庭布置的形式与建筑风格应有一定的关联性。

3. 过渡庭院

办公建筑的内部、建筑之间存在着大量交通联络设施，如：门厅、通道、连廊、楼梯、电梯、过街楼等，这些设施构成了办公场所的步行线路体系，其两侧或周边的空间，

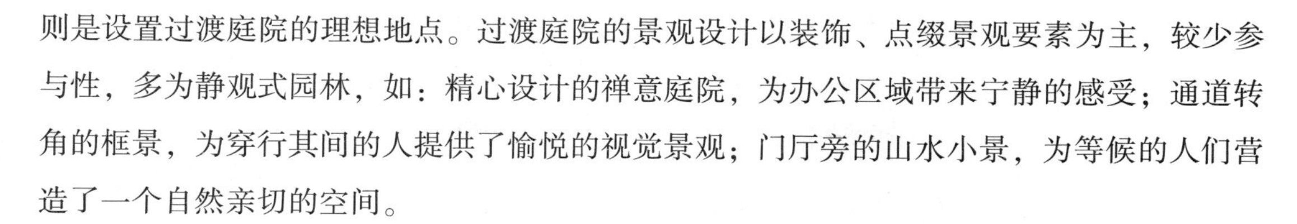

则是设置过渡庭院的理想地点。过渡庭院的景观设计以装饰、点缀景观要素为主，较少参与性，多为静观式园林，如：精心设计的禅意庭院，为办公区域带来宁静的感受；通道转角的框景，为穿行其间的人提供了愉悦的视觉景观；门厅旁的山水小景，为等候的人们营造了一个自然亲切的空间。

4. 外围庭院

外围庭院是指位于建筑外围的庭院空间，其面积大小不一，以自然景观营造为主，面积大的庭院可适当设置小径与休闲空间，为办公人员提供一个休息、散步、游赏的生态环境。

第二节　道路绿地与停车场景观设计

一、道路绿地景观设计

道路，是指供各种车辆（无轨）和行人通行的工程设施。随着社会的进步和人们生活水平的提高，车辆日益增多，路幅逐渐加宽，在保障道路通行安全性的同时，道路绿地的景观越来越受到重视。建设一个既满足交通功能要求，又生态美观的道路，不仅能起到更好的庇荫、滤尘、减弱噪声的生态作用，同时也改善了道路沿线的环境，美化了城市。

（一）道路的类型划分

道路的种类众多，性质、功能等各有不同，按照道路使用特点，一般可分为城市道路、公路、厂矿道路、林区道路和乡村道路。除公路和城市道路有准确的等级划分标准外，林区道路、厂矿道路和乡村道路一般不再划分等级。城市道路与公路以城市规划区的边线分界。

1. 城市道路

（1）城市道路的分类。城市道路是指在城市范围内具有一定技术条件和设施的道路。根据城市道路在城市道路系统中的地位和功能，主要分为以下四个等级：

第一，快速路。主要为城市大量长距离、快速交通服务，只准汽车行驶，控制出入，四车道以上、有中央分隔带，全部或部分采用立体交叉，与次干道可采用平面交叉、与支路不能直接相交。快速路也称汽车专用道。

第二，主干道。是城市道路网的骨架，联系城市的主要工业区、住宅区、港口、机场和车站等客货运中心，承担着城市主要交通任务的交通干道。主干路沿线两侧不宜修建过多的行人和车辆入口，否则会降低车速。

第三，次干道。为市区普通的交通干路，配合主干路组成城市干道网，起联系各部分和集散作用，分担主干路的交通负荷。次干路兼有服务功能，允许两侧布置吸引人流的公共建筑，并应设停车场。

第四，支路。是次干路与街坊路的连接线，为解决局部地区的交通而设置，以服务功能为主。部分主要支路可设公共交通线路或自行车专用道，支路上不宜有过境交通。

（2）城市道路的绿化断面类型。城市道路横断面一般由车行道（包括机动车道和非机动车道）、人行道、分隔带（绿化带）等组成。目前，城市道路横断面，主要有一板二带式、两板三带式、三板四带式、四板五带式等形式。

2. 公路

公路是连接各城市、城市和乡村、乡村和厂矿地区的道路。公路的划分根据不同的属性，有不同的类型，公路主要分为五个等级：高速公路、一级公路、二级公路、三级公路、四级公路。根据在政治、经济、国防上的重要意义和使用性质划分为五个行政等级：国家公路（国道）、省公路（省道）、县公路（县道）、乡公路（乡道）、专用公路等。其他还可根据路面等级、道路使用年限等的不同进行划分。

（1）高速公路，为专供汽车分向分车道行驶并全部控制出入的公路。具有 4 条或 4 条以上车道，设有中央隔离带，全部立体交叉具有完善的交通安全设施和管理设施、服务设施。

（2）一级公路，是连接高速公路或是某些大城市的城乡接合部、开发区经济带及人烟稀少地区的干线公路。一级公路必须分向、分车道行驶，一般应设置中央分隔带，设施和高速公路基本相同，部分控制出入，交通量小客车 15 000~30 000 辆/天。

（3）二级公路，为中等以上城市的干线公路或者是通往大工矿区、港口的公路。交通量 4500~7000 辆/天（中型载重汽车）。

（4）三级公路，沟通县、城镇之间的集散公路。适应交通量 1000~4000 辆/天。

（5）四级道路，沟通乡、村的地方道路。适应交通量，双车道 1500 辆/天以下，单车道 200 辆/天。

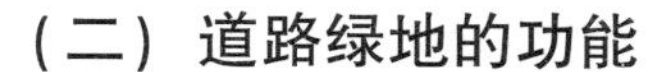

（二）道路绿地的功能

1. 卫生防护和改善生态环境

（1）净化空气。净化空气，植物吸收二氧化碳、二氧化硫、一氧化碳等有毒有害气体，放出氧气；滞尘作用，粉尘污染源主要是降尘、飘尘、汽车尾气的铅尘等，植物将道路上的烟尘滞留在绿化带附近不再扩散，减少城市空气中的烟尘含量。

（2）降低环境噪声。日常环境中，70%～80%的噪声来自地面交通运输，给人们的工作、休息带来很大影响。因此，道路两边设置一定宽度的道路绿地，并合理配置植物，可以大大降低噪声，如：距沿街建筑5～7m处种植行道树，可降低噪声15%～25%。

（3）保护路面与降低辐射热。夏季，在未绿化的沥青路面上，太阳的辐射热大部分被地面吸收，地表温度很高，裸露地表温度往往比气温高出10℃以上，路面因常受日光的强烈照射而受损。而绿化可以改变地面温度，植物能有效遮挡阳光的直射，避免温度的上升，对于保护沥青路面因温度过高而造成融化、泛油等损害具有积极的意义，从而使道路的使用寿命延长。此外，道路绿化在改善道路小气候方面产生良好的作用，如：调节温度、湿度、风速等。

（4）监测环境污染的作用。利用植物指示环境污染，特别是指示大气污染的作用，早已被人们发现，不少植物对环境污染程度的反应比人和动物要敏感得多，如：雪松对二氧化硫、氟化氢很敏感，抗性弱，少量的气体即可导致雪松针叶出现发黄、枯焦现象，有很强的监测能力。

2. 组织交通和保证安全

道路绿化以创造良好环境，保证提高车速和行车安全。道路中间的绿化分隔带，可以减少车流之间的互相干扰，使车流单向行驶，保证行车安全；机动车与非机动车之间设绿化分隔带，则有利于缓和快、慢车混行的矛盾，使不同车速的车辆在不同的车道上行驶；在交叉路口上布置交通岛、立体交叉、广场、停车场、安全岛等，可以起到组织交通、保证行车速度和交通安全的作用。

3. 增强道路景观的效果

道路绿化可以点缀城市，美化街景，利用植物的观赏特性，道路本身成为一道亮丽的风景线，如：银杏大道、樱花大道、梅花大道等。不同城市可以通过不同地域的树种来体现各自的特色，如：北京市的毛白杨、油松、槐树等，南京市的悬铃木、雪松、香樟等，广州市大叶榕、椰子、蓝花楹等，均给人留下深刻的印象。道路景观效果的好坏，代表了一条道路、一个片区、一座城市的精神面貌。因此，道路绿化，是整个城市景观中的关键环节。

4. 其他功能分析

（1）经济效益。在满足道路绿化美化的前提下，可以适当利用城市较多的道路绿地面积，选择适应当地生长、有地方特色和经济价值的果木、花草进行种植，如：广西南宁道路上种植四季常青的木菠萝、人面果，兰州的滨河路种植梨树，昆明市部分城乡公路两边50m范围内开辟为苗圃等，既绿化美化了道路，展示了地域风格，又在绿化中取得了一定的经济效益。

（2）防灾减灾的功能。道路绿化可以减低风速、防止火灾的蔓延。道路林带结构（密度、高低、树种）的合理配置可以防雪、防风、防火灾。地震时，道路绿地还可以作为临时避震的场所。

（3）战略防御。分布全城的道路绿地，战时可起到伪装掩护的作用，行道树的枝叶覆盖路面，有利于防空和掩护，枝叶还可用来掩蔽和伪装军事设备，在必要时还可以砍伐树木做工事狙击敌人，道路线长、面广，易于就地取材。

（三）道路绿地景观设计的原则

第一，安全性。安全性是道路景观设计考虑的第一要素，在国家相关道路设计法规、规范、标准等的指导下，保证道路行车安全，满足行车视线、行车净空的要求。绿地中的植物不应遮挡司机视线，不应遮挡交通标志，但能遮挡汽车眩光。道路绿化设计时，应充分考虑地下管线、地下构筑物及地下沟道的布局等，并留出足够的避让空间和距离。

第二，生态性。道路绿地景观设计中，应充分考虑道路绿地的土壤、水文、气候等，利用绿化的生态属性，选择优良适宜的园林植物，以乔木为主，乔灌草结合，形成优美、稳定的景观，并尽量选择乡土植物，以利树木的正常生长发育，抵御自然灾害。

第三，景观性。注意绿化的整体性和连续性，营造美观的绿化效果，同一条道路的绿化应有统一的景观风格，不同路段的绿化形式应有所变化。植物配置上应协调空间层次、树种变化、树形组合、色彩搭配和季相变化的关系。

第四，远近期结合。道路绿地从建设到形成较好的绿化效果需要十多年的时间，在道路绿地景观设计时要有发展的观点和长远的眼光，对所用植物材料在生长过程中的形态特征、大小、颜色等可能的变化有充分的了解，预留出发展空间。

（四）城市道路绿地的景观设计

1. 人行道绿地

人行道绿地，指从车行道边缘至建筑红线之间的绿地，包括人行道与车行道之间的隔离绿地（行道树绿带）以及人行道与建筑之间的缓冲绿地（路侧绿带）。

（1）行道树绿带。人行道与车道之间的隔离绿地有时简化为只有行道树，行道树是城市道路基本的绿化形式，一般可以分为树池式、树带式。当人行道的宽度在 2.5～3.5m 之间时，首先要考虑行人的步行要求，原则上不设连续的长条状绿带，以树池式为主；当人行道的宽度在 3.5～5m 时，可设置带状的绿带，起到分隔护栏的作用，但每隔 15m 左右，应设供行人出入人行道的通道口以及公交车的停靠站台，并铺设硬质地面铺装。行道树株行距可根据苗木规格、树木的生长速度及树木对环境的要求确定株行距，如：4m、5m、6m、8m 等。另外，要防止两侧行道树在道路上方的树冠相连，不利于汽车尾气的排放。树干中心与地下地上管线的距离应符合相关规范的要求。

绿带宽度，为了保证树木能有一定的营养面积，满足树木最低生长要求，在道路设计时应留出宽 1.5m 以上的种植带，若用地紧张可留出宽 1.0～1.2m 的绿化带，种植单行乔木或灌木；而宽 2.5m 以上的绿化带一般可种植一行乔木及一行灌木；宽度在 6m 以上的，可以设计两行大乔木或大中小乔木、灌木结合，在空间高度上形成具有落差的复层种植；宽度在 10m 以上的绿带，可以设计出丰富的植物群落配置，考虑植物景观的季相变化及其生态功能的充分发挥。

行道树的选择，一般应以有观赏价值的乡土树种为主；抗性强，病虫害少、寿命长；耐土壤瘠薄、耐旱耐寒、耐修剪；树冠冠幅大、枝叶密、深根性、分枝点高，枝干无刺、枝叶无毒、花果无异味，无飞絮飞毛、无落果；种植苗胸径以 12～15cm 为宜，速生树种胸径不小于 5cm，慢生树种胸径不小于 8cm；种植苗分枝高度，行人通行的路段分枝高度不宜小于 2m，一般车辆通行不宜小于 2.5m，公交车通行和停靠站附近的种植苗分支高度不宜小于 3.5m。

（2）路侧绿带。路侧绿带是人行道边缘至道路红线之间的绿带，分三种情形：①建筑线与道路红线重合，路侧绿地毗邻建筑布设；②建筑退后红线，留出人行道，路侧绿带位于两条人行道之间；③建筑退后红线，在道路红线外侧留出绿地，路侧绿带与道路红线外侧绿地结合布置。

路侧绿带的主要起隔离和美化的作用，在进行绿地设计时应根据相邻用地性质、防护和景观要求进行设计。设计时，绿地种植不能影响建筑物的采光和排风，如果路侧绿带过窄，则最好以地被植物为主；植物的色彩、质感应相互协调，并与建筑立面设计形式结合起来，在视觉上有所对比，又相互映衬的作用；地下管线较多或路侧绿带过窄时，可采用攀缘植物来进行墙面绿化；应注意绿带坡度的设计，以利于排水。

路侧绿地宽时（不小于 8m），可设计成开放式绿地，方便行人的进出、游憩，提高绿地的功能。开放式绿地中，绿地面积不应小于该段总面积的 70%。濒临江、河、湖、海等水体的路侧绿地，应结合水面与岸线设计成滨水绿地，适当增加水生植物、景观小品及休闲空间，形成滨水景观带。

2. 分车带绿地

分车带绿地又称隔离带绿地，是用来分隔干道上的上、下行车道和快慢车道的，起着疏导交通、保障行车安全、分隔上下行车辆的作用；位于上、下机动车道之间的为中央分车绿带，位于机动车道与非机动车道之间或同方向机动车道之间的为两侧分车绿带。分车带一般宽度为 1.5~6.0m，有景观要求的可适当加宽（如：高速路、城市干道的中央分车带有的宽达 20m 以上）；长 75~100m 进行分段，以利于行人过街及车辆转向、停靠等。

中央分车带设计，道路中间的中央分车带除分隔上、下行车道的空间分隔功能外，还应有防止夜间对开车辆之间眩光影响的功能，在设计时，距路面 0.6~1.5m 的竖向空间内应种植小乔木或灌木，以连续的绿篱、不连续的球形种植或低矮的常绿树种植，形成有效的遮蔽眩光的绿带。分车带宽时可以种植乔木，其树干中心至机动车道路缘石外侧距离不宜小于 0.75m，在植物的应用上应以抗性较强的地方树种为主，可单一树种连续种植或几种树种分段间植，在形式上力求简洁有序、整齐一致，形成动态的景观系列及良好的行车视野环境。

两侧分车带绿化设计，以种植草坪与灌木为主，尤其是高速干道上不宜种植乔木，以免影响交通安全，在一般干道的分车带可以种植 70cm 以下的绿篱、灌木和花卉。在道路出入口和人行道铺设地段，分车带被断开，其端部的植物绿化应采用通透式栽植，即在距机动车路面 0.9~3.0m 的范围内，树冠不能遮住司机视线。

此外，分车带的营建要与环境相结合，在不同的地区，如：商业街、行政区、居住区附近都应有所不同，不仅要有环境的美化功能，还应有利于营建和烘托空间的整体气氛。

3. 交通岛绿地

交通岛是为了回车、控制车流行驶路线、约束车道、限制车速和装饰街道而设置在道路交叉口范围内的岛屿状构造物，一般包括中心岛（又称转盘）、导向岛、安全岛等，其

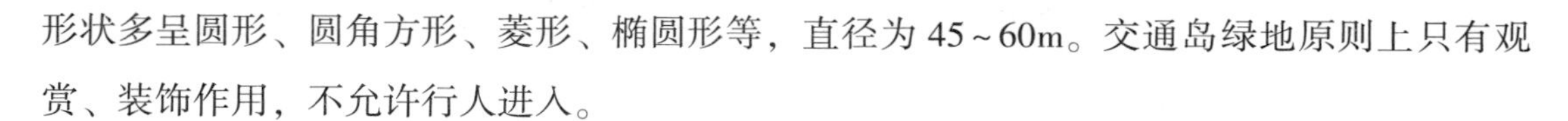

形状多呈圆形、圆角方形、菱形、椭圆形等，直径为45～60m。交通岛绿地原则上只有观赏、装饰作用，不允许行人进入。

中心岛绿地设计，通常以嵌花草皮花坛为主或以低矮的常绿灌木组成，不宜密植乔木或大灌木，以保持行车视线通透，图案应简洁、曲线优美、色彩明快。主干道处的中心绿岛根据情况可结合雕塑、市标、立体花坛、组合灯柱、喷泉水景等营建成为城市景观，但高度上要控制。居住区内的道路，人、车流量较小的地段，可采用小游园的形式布置中心岛，增加居民的活动场所。面积较大的中心岛绿地，在不影响交通安全的前提下，绿地中心可种植高大的乔木或配置层次丰富的植物群落，形成生态绿岛景观。

导向岛、安全岛绿地的设计，植物配置的色彩、图案、造型不宜过于繁复，以低矮植物为主，以保证行车视距的通透及不能阻挡交通标志。

4. 交叉路口绿地

交叉路口，是指道路的交会处，在城市道路系统中一般以两种形式出现，即平面交叉路口及立体交叉路口。

（1）平面交叉路口绿地设计。平面交叉路口，是由两条以上在同一标高平面内的道路汇集时所形成的交通路口，包括T形路口、Y形路口、十字路口，以及在以上路口基础上设计的各种变体。其造景要点，在于保证交叉口视距三角范围通透的基础上，运用各种绿化手法来进行美化，营造出开阔及富有生机的路口景观。

T形路口绿地设计，两条道路中有一条道路前方视线被封闭，设计的关键是路对面焦点景观的营造，可以通过乔灌木、花卉、草坪、置石、雕塑、水景等要素来营造景观。

Y形路口的绿地设计，其变化及美学特点和T形路口相似，但它的交通条件可能比T形要好，可在一个或两个以上的方向上形成视线封闭，因此，在焦点景观设计的同时，要保持三角形视距的通透。

十字形与X形交叉的绿地设计，道路直线相交，前方不能形成视线封闭，绿地设计以整体绿化美化为主，不宜形成焦点景观，风格与街心交通岛或路口中心花园形成整体的景观。

（2）立体交叉路口绿地设计。立体交叉路口出现于城市两条高等级道路相交处，或高等级跨越低等级道路处，也可能是高速公路入口处，有分离式和互通式两种形式：①分离式立体交叉路口是指两条道路以隧道或跨路桥的形式形成不同层面的相交，道路间互不相通，中间没有匝道相连，不形成专门的绿化地段，其绿化与街道绿化相同；②互通式立体交叉由主、次干道和匝道组成，匝道供车辆左、右转弯，把车流导向主、次干道上，各车道之间形成多块空地，这些空地可通过植物造景来形成绿地景观，所以又称为绿岛。互通式立体交叉的形式包括苜蓿叶式、半环道式、环道式等多种形式。

立体交叉路口的绿地设计，应满足交通功能的需要，使司机有足够的安全视距；绿岛布置应简洁明快，以大色块、大图案来营造出大气势，满足移动视觉的欣赏；立交桥下绿地应利用低矮、耐阴、抗性强的植物来进行造景，以利于后期的管养和维护；植物造景形式、树种的选择都应突出立交桥的宏大气势，树种应以抗性良好的乡土树种为主，以适应较为粗放的管理；景观整体风格应与邻近城市道路的绿化风格、各种建筑、硬质景观、灯光设施相协调，但又各有特色，形成不同的景观特质，以产生一定的识别性和地区性标志。

（五）公路绿地的景观设计

随着社会的进步、生活节奏的加快，高速交通在日常生活中变得越来越重要，交通工具不断增加和改良，道路网络越来越密集、路面日益加宽，公路绿地在公路中的比重越来越大，功能也从原来基本的道路绿化、路面养护、降低污染、保障通行等，逐渐过渡到防灾减灾、生态系统维护、水土保持、景观美化等复杂功能，以达到为行车者提供一个优美、舒适、环保、安全的交通环境的目的。公路绿地包括一般公路绿地和高速公路绿地。

1. 一般公路绿地

一般公路穿过农田、山林，没有城市中复杂的管线设施，人为和机械损伤较少，道路绿带的宽度限制也较少，在公路绿化中结合生产的途径也更广阔，还可以与护田林带、工厂和居住区之间的防护林带结合，以免过多占用土地。公路绿化设计中应注意以下问题：

（1）绿化带。公路绿化应根据公路的等级、路面的宽窄度来决定绿化带的宽度及树种的种植位置，省级公路两侧绿地宽度各 20～40m，共计实有宽度 40～80m，绿地率不低于 50%，绿化覆盖率 90%以上；其他公路两侧留有一定宽度的绿化带，至少有两行乔木一行灌木的位置，绿地率不得低于 25%，绿化覆盖率 90%以上。

当路面宽度在 9m 及 9m 以下时，绿化种植不宜种在路肩上，要种在边沟以外，距外缘 0.5m 处为宜；当路面宽度在 9m 以上时，可种在路肩上，距边沟内缘不小于 0.5m 处为宜，以免树木生长地下部分破坏路基，或在大风吹折树枝时阻碍交通。

（2）安全视距。在道路交叉口处必须留足安全视距，弯道内侧只能种植低矮灌木及地被植物。在桥梁、涵洞等构筑物附近 5m 内不能种树。

（3）树种选择。绿化树种的选择应尽量考虑乡土树种；并应具有较强的抗污染和净化空气的功能；苗期生长快、根系发达、能迅速稳定边坡的能力；易繁殖、移植和管理，抗病虫害能力强；能与附近植被和景观协调；具有一定的季相景观效果。树种搭配时，应注意乔、灌结合，常绿与落叶树种结合，速生树种与慢生树种相结合。同时，由于公路较长，一般20~30km的距离更换一种树种，也可一县或一乡一个树种，增加公路上的景色变化，有利于减缓司机视觉疲劳和增加好奇心理，保证行车安全，也可防止病虫害蔓延。但一条路的主要树种不宜过多，以免频繁的植物种类变化，引起司机视觉混乱和加速疲劳。

（4）其他功能的结合。公路绿化应尽可能与农田防护林、护渠护堤林、卫生防护林、水土保持林、生态防护林等相结合，做到一林多用，少占耕地。在条件适宜的地段还可结合经济果木（如：果树、油料、香料等）、生产绿地（如：苗圃）、经济林等相结合，绿化美化道路的同时，增加一定的经济效益。

2. 高速公路绿地

随着高速公路的发展以及人们对高速公路建设质量的高要求，除工程质量及行车安全上的要求，对景观方面的要求也越来越高。高速公路绿地景观包括中央分隔带、边坡、绿化带、互通立交、隧道洞口、服务区等的景观设计。

（1）中央分隔带设计。中央分隔带位于高速公路中央，起着分隔交通、遮光防眩、引导视线、美化环境、降低噪声、降低硬性防护成本等作用，给广大司乘人员一种安全、舒适、自然的美感。中央分隔带一般宽1~5m，条件允许可设计较宽（5m以上）的中央分隔带，以利隔离和景观营造。中央分隔带还应在一定距离设开口，解决高速公路维修时的交通需要，一般情况下每2km设一处开口。

中央分隔带植物设计，以低矮灌木丛为主，方式为自然式密植、规则式（图案式、整齐式）修剪、树篱式种植等，分隔带宽1~3m时，宜采用规则式种植，宽3m以上时宜采用自然式种植，树种或种植方式可每10km变化一次，以避免司机和乘客感到疲劳和单调，丰富主线的植物景观；在途经城镇重要地段，每隔10~15m，适当点缀花灌木、色叶小乔木，地表可种植草坪或地被，形成丰富、连续、生机盎然的景观效果。

中央分隔带树种的选择，应选抗逆性强、耐修剪、生长慢、易保持造型的植物；树高低于1.5m，树冠40~80cm；抗病虫害能力强、管理粗放，易移植、易成活、见效快、自身污染小，且不影响交通安全的植物。

（2）边坡设计。边坡，是高速公路中对路面起支持作用的、有一定坡度的区域，除应达到景观美化的效果外，还应与土工防护结构、基础工程设施相结合，防止落石影响行车安全、减小水土流失，恢复植被，保护并改善沿线视觉环境和保护自然生态环境，使高速公路与沿线景观协调统一。由于高速路途经地区的地质地貌复杂，边坡按土层性质可分为岩石型边坡、砂石型边坡、沙土型边坡等几种类型，各类边坡景观设计的重点不同。

第一，岩石型边坡。岩石型边坡，一般是开挖原有的自然岩石，或者为了固土护坡垒砌岩石挡墙。挖方边坡第一级，可采用垂直绿化形式，即通过种植爬山虎、薜荔、地锦等爬藤植物，使之爬满边坡，以三维网植草边坡达到视觉上软化边坡的目的；或在石面上预设一些草绳及铁丝网，然后在边坡下种植一些攀缘植物如爬山虎、山葡萄、地锦等，植物长大后，沿坡向上爬，绿化整个坡面并起固土护坡作用。第二级以上岩石边坡，可采用生物防护新技术，即喷混植生①、三维网植草骨架梁护坡植草，或安装钢性骨架回填土植草等方法来达到绿化的目的。

第二，砂石型边坡。砂石型边坡，挖方边坡为砂、石，可用拱形或“人”字形浆砌片石骨架或小块碎石在坡上砌出一个个方格区，在区内清除石块后换土，并种植草坪及点缀花卉，也可采用三维网植草。

第三，沙土型边坡。沙土型边坡景观绿化设计，挖方边坡为沙土及黏土时，边坡景观绿化设计的主要目的是固土护坡、防止泥石流。在平整、清理场地后，边坡稳定的前提下可用液压喷草防护，一些特殊景观用途的边坡可用草坪为底色，用花灌木或硬质材料造景，形成景观面。

第四，多级碎落台边坡。一些较高大、陡峭的坡面，往往将坡面分成2级或多级，在级与级之间以平台分割。平台上一般设有排水沟及绿化带，以利缓和坡面上的雨水流速，减少水土流失，防止石块滑落到高速公路路面上，也方便施工和检修坡面。对于坡面平台的绿化美化，主要以垂枝型、攀缘型的花灌木为主，一方面涵养水源、保护坡面，另一方面美化坡面、改善路域局部小环境。

边坡植物的选择，以适应性强、耐旱、耐贫瘠、耐粗放管理、根系发达、覆盖度好、易于成活的乡土植物材料为主，适当引进外来优良植物为辅；以草本植物为主，藤本、灌木为辅；树种材料丰富多样，因地制宜、适地适树，利用草本植物的生长优势，在较短的时期内形成良好的护坡及景观效果，并逐步自然演变到稳定的灌草结合群落类型。

（3）绿化带设计。高速公路两侧绿化带，指道路两侧边沟以外的绿化带。沿路两侧绿化带宽度变化不一，一般两侧绿地宽度各30~50m，共计实有绿地宽度60~100m，绿地率

---

① 喷混植生技术，是以工程力学和生物学理论为依据，利用客土掺混黏合剂和锚杆加固铁丝网技术，运用特制喷混机械将土壤、肥料、有机物质、保水材料、黏结材料、植物种子等混合干料加水后喷射到岩面上，形成近10cm厚度的具有连续空隙的硬化体。种子可以在空隙中生根、发芽、生长，而一定程度的硬化又可防止雨水冲刷，从而达到恢复植被、改善景观、保护环境的目的。

不低于60%，绿地覆盖率90%以上。其主要作用是防风固沙、涵养水源，吸收灰尘、废气、减少污染、改善小环境气候，以及增加绿化覆盖率等。

绿化带设计，常采用种植花灌木的形式，但在绿化带较宽，或树木光影不影响行车的情况下，可采用乔灌木结合形式，形成垂直方向上郁闭的植物景观。若道路两侧有自然的山林景观、田园景观、湿地景观、水体景观等，可在适当的路段种植低矮的灌木，留出视线走廊，使司乘人员能领略沿线的地域风光，将人工景观和自然景观有机结合起来。

绿化带树种选择，以乡土树种为主，适应性强、耐旱、耐贫瘠，景观具有多样性，生长年限长，管理粗放等特点。

（4）互通立交景观设计。互通立交，是高速公路整体结构中的重要节点，也是与其他道路交叉行驶时的出入口。从景观构成的角度看，它是高速公路景观设计中场地最大、立地条件最好、景观设置可塑性最强的部位，其景观往往与入口管理区统一考虑、整体布局。立交区的景观设计，以满足交通功能为前提，突出诱导性栽植、标志性栽植和明暗过渡栽植等，同时兼顾绿化、美化和环境保护的功能。

互通立交景观设计植物种植形式可以分为规则式、自然式和混合式。

第一，规则式设计。运用规则的布局形式如对称式、均衡式布局进行设计，主要以图案为主，选用低矮的植物，利用不同的植物色彩、季相变化进行搭配，组成具有一定意义、内涵的图案。这些图案的意义明确、规律性强，大面积的色彩对比、变化具有一定的震撼美感，是互通立交景观设计中常用的形式之一。但规则式设计，植物在立面、季相上缺乏丰富的变化，构图上显得呆板，而且对后期的养护管理要求严格，具有一定的局限性。

第二，自然式设计。应用乔木、灌木以及地被植物，进行合理的搭配、组景，形成高低错落、点线面交互穿插、不同的色彩和季相变化相结合的生态绿岛。这一形式适用于大型立交地段，高大的植物对交通安全视距没有影响。目前，自然式设计，正得到越来越多的应用。

第三，混合式设计。在一些特殊地区的立交区景观设计时，有时要用规则、自然相结合的方式进行设计，这样的设计只要掌握好主次关系，仍可形成优美的景观效果。

（5）隧道洞口景观设计。高速公路隧道，可使车辆快速通过山体，缩短行驶里程，提高行驶速度，改善行驶环境。隧道属于隐蔽工程，仅洞口露于外部，作为隧道的标志。因此，隧道洞口的材质、形式及环境质量将直接影响高速公路景观的总体效果。隧道洞口的形式，根据地形、地貌及工程地质情况，分为削竹式、喇叭口式、翼墙式、柱式、端墙式等洞门形式。隧道洞口的景观设计，包括洞门景观设计和洞口绿化设计。

第一，隧道洞门景观设计。洞门造型要充分体现当地乡土人情，使生硬的构造物具有历史文化气息、地域特色；洞口墙面装饰材料尽量利用隧道废弃物和当地廉价原材料，不仅经济实惠，而且易与周围环境协调；洞门挡墙尽量简化或利用植物进行遮挡，以减轻隧道入口挡墙的压抑感，若挡墙面积较大，可采用壁画、浮雕、石刻等形式对其进行简单处理，展示地方特色和文化；隧道名称可置于洞门上方、侧面或洞口之前的绿地上，洞名以当地地名、地方文化或有历史纪念意义的名称来命名，洞名的字体应清晰、醒目，标志性强，如云南思小高速野象谷隧道洞口，通过简洁的设计把洞口设计成傣族公主的冠冕造型。

第二，隧道洞口绿化设计。洞口前开阔绿地尽量设计成层次分明，群落特征明显的自然式绿地，给司乘人员一个幽雅的行车环境，提高公路的整体形象；洞口周边用植物掩饰混凝土和边坡工程框架，保持水土、稳定边坡，使洞门周围景观和谐、自然；出入口两侧可密植乔木，以起到防眩避光，防止进出洞门的光线强烈反差，有利于行车安全；隧道周边尽量恢复原有植被栽植，突出生态、自然，使隧道与周围环境融为一体。

(6) 服务区景观设计。服务区是高速公路管理人员办公、生活的场所，是维持高速公路正常运行的指挥和调度中心。服务区景观设计包括停车场绿化、庭院绿化及收费站绿化。景观设计应根据各个部位的功能要求因地制宜地进行，并充分结合当地自然景观及人文景观，使其具有亲切感，且表现地方特色。

第一，停车场绿化。适当栽植高大乔木，形成一定的绿荫，使车辆免受曝晒；加油站前的停车场种植常绿和不易着火的防火树种，加强防护。

第二，庭院绿化。服务区庭院为工作人员办公、休闲、生活的场所，景观设计应考虑建筑布局、场所功能、行为特征等内容，植物多选择香花、观花、色叶的树种进行搭配，使整体环境舒适宜人、轻松活泼，起到缓解工作压力、排遣寂寞与休息的目的。

第三，收费站的绿化。收费站前的隔离带以植物高低、色彩、图案渐变的形式，提示车辆减速；周边绿化应考虑美化、防噪和防尘的需要，并灵活运用林地、花坛、草坪等进行造景。

（六）铁路绿地的景观设计

铁路绿化，是指在保证火车安全行驶的前提下，在铁路用地范围内进行合理的绿化，即铁路绿色通道工程。铁路绿化能够改善铁路沿线的生态环境，完成国土绿化的战略要

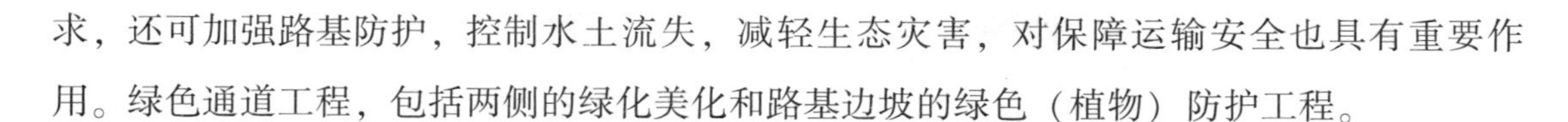

求，还可加强路基防护，控制水土流失，减轻生态灾害，对保障运输安全也具有重要作用。绿色通道工程，包括两侧的绿化美化和路基边坡的绿色（植物）防护工程。

1. 铁路绿地景观设计的原则

（1）用地原则。铁路绿色通道设计应贯彻“十分珍惜、合理利用土地和切实保护耕地”的基本国策，坚持依法用地、合理规划、科学设计的用地原则。

（2）设计原则。铁路绿色通道设计应以防风固土（沙）、美化环境为主要功能，并与工程防护措施相结合，遵循因地制宜、经济合理的设计原则。

（3）安全原则。铁路绿色通道所采用植物，其成年后的高度、冠幅、攀缘性、根系等不得影响行车和铁路设备安全；站区绿化不得影响旅客乘降和货物装卸，不得影响可视信号瞭望和各类架空线路；有地下管线时，其防护间距和要求应符合有关标准的规定。

2. 铁路绿地景观设计的规定

（1）用地范围。铁路绿色通道设计范围，宜在区间线路铁路用地界内，路堤为排水沟、护道或坡脚挡墙外不大于3m，路堑为天沟外不小于2m或堑顶外缘不小于5m。有条件时可加宽到路堤排水沟、护道或坡脚挡墙外缘5m。

（2）区域划分。铁路绿色通道设计，可按气候条件划分为下列区域：一般地区，年平均降雨量600mm，最冷月月平均气温高于或等于-5℃的温暖、湿润的地区；干旱地区，年平均降雨量小于600mm的地区；寒冷地区，最冷月月平均气温低于-5℃的地区。不同的区域应根据不同的气候特征和条件，选择不同的绿化方式和工程措施。

（3）绿化方式。铁路绿色通道设计，应结合所在地区的气候条件和土壤特征，乔木宜行交混交，灌木宜带状混交，草宜混播混种，做到宜林则林、宜灌则灌、宜草则草。一般地区宜选择树形较好的速生落叶和常绿乔木、灌木；寒冷地区宜选择耐寒、耐阴湿的落叶和常绿乔木、灌木；干旱地区宜选择耐旱、耐土地贫瘠的灌木，有条件的地区可种植落叶和常绿乔木；风沙地区应选择耐干旱、耐沙埋、耐日灼、抗风蚀的沙生草、灌植物。植物建植方式，可选择播种造林、扦插造林、个别地段客土造林、穴植容器苗等。

（4）植物选择。铁路绿化的植物应选择抗逆性强，可抵抗公害、病虫害，易养护管理；不产生其他环境污染，不应成为对附近作物传播病害的中间媒介；易成活、生长快、萌根性强、茎矮叶茂、覆盖度大、根系发达的多年生草本植物或灌木、藤本植物；植物生长应适合当地自然环境，优先选择乡土植物；有条件时可选择具有经济效益和景观效果的植物，但地界内的绿化带不应种植油料作物。

3. 铁路两侧绿化景观的设计

（1）防护林。在铁路两侧种植乔木，要离铁路轨道至少10m，种植灌木要离开铁路轨道6m以上；通过市区或居住区的铁路，应留出较宽（50m以上）的绿地，种植乔灌木作为防护林，防护林宜为内灌外乔的形式，以减少噪声对居民的干扰；乔、灌木与接触网、建筑物和各种管线之间的距离应符合国家现行标准的有关规定。

（2）安全视距。公路与铁路平交时，距铁路以外的50m，距公路中心向外的400m之内不可种植遮挡视线的乔灌木；以平交点为中心构成100m×800m的安全视域，使汽车司机能及早发现过往的火车；铁路转弯处直径150m以内不得种乔木，可适当种植矮小的灌木和草坪，便于司机观察情况；在机车信号灯处1200m之内不得种植乔木，只能种植小灌木、草本花卉和草坪。

4. 路基边坡绿色防护的设计

路基边坡绿色防护，应具有保护路基稳定、水土保持、改善生态环境等作用。设计内容应包括绿色防护工程类型、植物建植方法、植物种类的选择与植物配置、边坡坡面处理（土质改良、换土、增加坡面粗糙度等）、干旱地区的浇灌方式、施工和养护要求。

设计应考虑边坡高度、边坡坡率、边坡浸水条件，边坡的土质、岩性，坡面土壤的厚度、酸碱度、盐渍化程度、含水率、肥力等，物候期、降水量、蒸发量、气温、霜期、冻结与解冻期、风向风力等，以及极端气温、暴雨、干旱、大风等灾害性气象情况，乡土植物的生态习性和主要功能，当地的绿化技术经验，干旱少雨地区可供施工和养护浇灌的地表水、地下水条件。

绿色防护工程按植物生长的气候条件可分为一般地区、干旱地区、寒冷地区。

（1）一般地区路基边坡的绿色防护。

植物建植方式，可选择撒草子种草、液压喷播植草、客土植生、喷混植生，种植草、灌木、藤本植物、乔木，铺人工草皮等方式。当边坡坡面的岩土质不适宜植物生长时，可采取土质改良、客土植生、喷混植生等措施。

植物选择，采用植草防护时，宜选择覆盖率、生长期、抗逆性、根系深浅等方面优势互补的草种混播；土质路基边坡绿色防护宜选用草本植物、灌木或藤本植物；石质路基边坡绿色防护宜采用草本植物或藤本植物。

（2）干旱地区路基边坡的绿色防护。

干旱地区年平均降水量大于400mm或年降水量小于400mm有浇灌条件的土质路基边坡宜采用绿色防护。植物应选用适应性强、耐干旱、耐贫瘠、根系发达和种子繁殖能力强

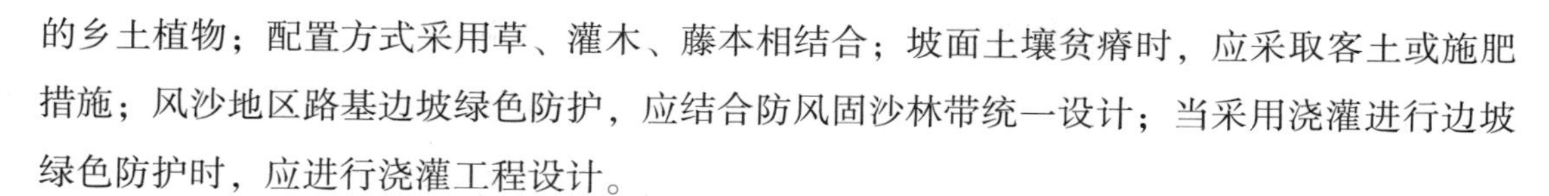

的乡土植物；配置方式采用草、灌木、藤本相结合；坡面土壤贫瘠时，应采取客土或施肥措施；风沙地区路基边坡绿色防护，应结合防风固沙林带统一设计；当采用浇灌进行边坡绿色防护时，应进行浇灌工程设计。

（3）寒冷地区路基边坡的绿色防护。

年平均降雨量大于600mm的地区，路基边坡宜采用绿色防护；年平均降雨量大于400mm小于600mm的地区，路基边坡绿色防护可参照干旱地区设计。

植物选择，灌木、藤本植物应选择耐寒、耐旱、耐贫瘠的品种。草种应选择耐寒、耐旱、耐贫瘠、根系发达、叶茎低矮或有匍匐茎的多年生草种，便于管理、易于养护、易成活、成坪快、与杂草竞争力强、无病虫害且能自播的草种，可与当地生长的固土能力强的不同品种的草种混播。

二、停车场的景观设计

停车场，是指供停放机动车和非机动车使用的场地，主要任务是保管停放车辆。

路外停车场的类型多样，根据车辆类型，可分为机动停车场、非机动停车场；根据服务对象可分为专用停车场、公用停车场；根据设置方式，可分室外、室内、地下、半地下、立体等；根据城市地区功能，将停车场分为商业区停车场、办公区停车场、居住区停车场、交通枢纽换乘停车场、风景旅游区停车场、道路服务区停车场、特殊单位（医院、学校等）停车场等。此外，还有生态停车场、绿色停车场、空中花园式停车场（高架多层式停车场）、机械式立体停车库等。

（一）停车场的设计指标

停车场的设计指标，包括停车场面积指标、建筑工程配套停车位指标。

1. 停车场面积指标

城市公共停车场，应分为外来机动车公共停车场、市内机动车公共停车场和自行车公共停车场三类，其用地总面积可按规划城市人口每人0.8～1.0m^2计算，其中，机动车停车场的用地宜为80%～90%，自行车停车场的用地宜为10%～20%。市区宜建停车楼或地下停车库。机动车公共停车场的服务半径，在市中心地区不应大于200m，一般地区不应大于300m；自行车公共停车场的服务半径宜为50～100m，并不得大于200m。

机动车公共停车场用地面积，宜按当量小汽车停车位数计算。地面停车场用地面积，每个停车位宜为25～30m^2；停车楼和地下停车库的建筑面积，每个停车位宜为30～35m^2；

摩托车停车场用地面积，每个停车位宜为2.5~2.7m²；自行车公共停车场用地面积，每个停车位宜为1.5~1.8m²。机动车每个停车位的存车量以一天周转3~7次计算；自行车每个停车位的存车量以一天周转5~8次计算。

2. 配套停车位指标

各类公共建筑配建的机动车停车场车位指标，包括吸引外来车辆和本建筑所属车辆的停车位指标。

（1）车辆尺寸与换算当量。机动车停车场车位指标，以小型汽车为计算当量。设计时，应将其他类型车辆按表5-1① 所列换算系数换算成当量车型，以当量车型核算车位总指标。

表5-1　车辆尺寸与当量车型换算系数

车辆类型		各类车型外廓尺寸(m)			车辆换算系数
		总长	总宽	总高	
机动车	微型汽车	3.20	1.60	1.80	0.70
	小型汽车	5.00	2.00	2.20	1.00
	中型汽车	8.70	2.50	4.00	2.00
	大型汽车	12.00	2.50	4.00	2.50
	铰接车	18.00	2.50	4.00	3.50
自行车			1.93	0.60	1.15

（2）主要公共建筑配套停车位指标。风景园林景观设计中，常涉及办公楼、医院、游览场所、住宅区等场所的停车位指标，这些场所的停车位指标不应小于表5-2~表5-5的规定②。

表5-2　办公楼停车位指标

项目	机动车		非机动车	
			内部	外部
停车位/每100m² 建筑面积	内环线以内	0.6	1.0	0.75
	内环线以外	1.0	1.0	0.75

① 本节图表引自高成广、谷永丽：《风景园林规划设计》，化学工业出版社2015年版。

② 本节图表引自高成广、谷永丽：《风景园林规划设计》，化学工业出版社2015年版。

表 5-3　医院停车位指标

项目	机动车		非机动车	
			内部	外部
门诊部、诊所	停车位/每 100m² 建筑面积	0.4	0.7	1.0
住院部	停车位/床位	0.12	0.3	0.5
疗养院	停车位/床位	0.08	0.3	—

表 5-4　游览场所停车位指标

类别		停车位指标(车位/100m² 游览面积)	
		机动车	自行车
一类	市区	0.80	0.50
	郊区	0.12	0.20
二类		0.02	0.20

注：一类为古典园林、风景名胜，二类为一般性城市公园。

表 5-5　住宅区停车位指标

项目	机动车(停车位/平均每套)			非机动车(停车位/平均每套)		
平均每套建筑面积	内环线以内	内外环线之间	外环线以外	内环线以内	内外环线之间	外环线以外
一类>150m²	≥0.8	≥1.0	≥1.1	≥0.8	≥0.5	≥0.5
二类 100~150m²	≥0.5	≥0.6	≥0.7	≥1.0	≥0.9	≥0.9
三类<100m²	≥0.3	≥0.4	≥0.5	≥1.2	≥1.1	≥1.1

（二）停车场的设计内容

停车场的设计内容，包括出入口布置、停车通道、停车方式等。

1. 出入口布置

出入口，是停车场与外部道路连接点、车辆出入的通道，应方便车辆到达停车泊位，停车场出入口处应有良好的视野。

（1）出入口的数量

机动车停车泊位数多，出入车辆就多，出入口的数量也需要相应增加。50 辆机动车停车场，可设置 1 个出入口；50~300 个停车位的停车场，应设两个出入口；大于 300 个停车位的停车场，出口和入口应分开设置；大于 500 个停车位的停车场，出入口不得少于

3个。

非机动车停车场，当车位数在300辆以上时，其出入口不宜少于两个，长条形停车场宜分成15~20m长的段，每段应设一个出入口；1500个车位以上的停车场，应分组设置，每组应设500个停车位，并应各设有一对出入口。

（2）出入口的位置

机动车停车场的出入口，不宜设在主干路上，可设在次干路或支路上，并远离交叉口；不得设在人行横道、公共交通停靠站以及桥隧引道处；出入口的缘石转弯曲线切点距铁路道口的最外侧钢轨外缘应大于或等于30m；距人行天桥应大于或等于50m；当机动车停车场设置两个以上出入口时，其出入口之间的净距须大于10m；大于300个停车位的停车场，分开设置的出、入口之间的距离应大于20m。

非机动车停车场的出入口，应设在城市道路红线以外，不宜设在交叉口附近，不宜在道路上单独设置出入口。

大型体育设施、大型文娱设施的机动车停车场和自行车停车场应分组布置，其停车场出口的机动车和自行车的流线不应相交，并应与城市道路顺向衔接。分场次活动的娱乐场所的自行车公共停车场，宜分成甲乙两个场地，交替使用，各有自己的出入口。

（3）出入口的宽度

停车场出入通道与城市道路相交的角度应为75°~90°，具有良好的通视条件，并在距出入口边线内2m处作为视点的120°范围内至边线外7.5m不应有遮挡视线的障碍物。在城市道路上设置的机动车双向行驶的出入口车行道宽度宜为7~11m；单向行驶的出入口车行道宽度宜为5~7m。有机动车、非机动车隔离带的道路，开口宽度可在此基础上增加5~8m。

非机动车停车场，出入口宽度不得小于3m。

2. 停车通道

停车场通道，指停车场（库）内部供车辆行驶以及车辆进、出车位的场（库）内的道路。停车场内应保证有车辆环行通道或回转场地，并符合机动车流与上下客及停车场（库）之间交通组织的要求。

（1）通道宽度。场地内部主要道路应设双车道，供小型车通行的宽度不应小于5.5m，供大型车通行的宽度不应小于6.5m；当停车数小于50辆时，可采用单向通道，宽度不应小于3.5m，但在人流上下客处，道路宽应设双车道，其长度不宜小于20m。当沿场地内道路设置停车位时，道路宽度应相应增加1.0m。当停车数大于500辆时，主要道路宽度不应小于 8.5m。小型车停车场（库）回转场地应保证通道的转弯半径不小于 3.0m，大型车停车场（库）回转场地应保证通道转弯半径不小于 10.0m，宽度不小于 4.0m 的回转车道。

（2）通道转弯半径。不同车辆类型的最小转弯半径，见表 5-6。

表 5-6　车辆的最小转弯半径

车辆类型	最小转弯半径(m)
大型汽车	10.0
中型汽车	7.0
轻型汽车	5.0
小(微)型汽车	3.0

（3）通道坡度。不同车辆类型的最大直线纵坡与最大曲线纵坡，见表 5-7。

表 5-7　车辆的最大直线纵坡与最大曲线纵坡

车辆类型	最大直线纵坡	最大曲线纵坡
大型汽车	10.0%	8.0%
中型汽车	12.0%	10.0%
轻型汽车	13.3%	10.0%
小（微）型汽车	16.0%	12.0%

当纵坡大于 10%，坡道的上下两端应增设竖曲线，竖曲线的半径不应小于 22.0m，或用长度不小于 3.5m 的 1/2 纵坡连接。

3. 停车方式

（1）停放方式与尺度。停车场内车辆的停放方式对于停车面积计算，车位组合以及停车场（院）的设计等都有关系。车辆的停放方式按其与通道的关系可分为三种类型：平行式、垂直式、斜列式，或混合采用此三种停车方式。

第一，平行式。车辆平行于通道停放。采用这种形式，停车带较窄，车辆驶出方便，适宜停放不同类型、不同车身长度的车辆，但一定长度内停放车辆数最少。

第二，垂直式。车辆垂直于通道停放。采用这种形式，一定长度内停放的车辆数最多，用地较省，但停车带较宽（以最大型车的车身长度为准），车辆进出车位要倒车一次，须留较宽的通道。

第三，斜列式。车辆与通道成斜交角度停放，一般按 30°、45°、60° 三种角度停放，采用这种形式，停车带宽度随车身长度和停放角度而异。斜角式适用于场地宽度受限制的停车场，车辆停放比较灵活，车辆驶入和驶出方便，可迅速停置和疏散。

（2）停车净距。停车场（库）内汽车与汽车、墙、柱、护栏之间的最小净距，应符合表 5-8① 的规定。

表 5-8　停车间最小净距　单位：m

项目		微、小型汽车	轻型汽车	大、中、铰接型汽车
平行式停车间纵向净距		1.20	1.20	2.40
垂直、斜列式停车间纵向净距		0.50	0.70	0.80
汽车间横向净距		0.60	0.80	1.00
汽车与柱间净距		0.30	0.30	0.40
汽车与墙、护栏及其他构筑物间净距	纵向	0.50	0.50	0.50
	横向	0.60	0.80	1.00

注：纵向指汽车长度方向、横向指汽车宽度方向，净距是指最近距离，当墙、柱外有突出物时，应从其凸出部分外缘算起。

（三）停车场景观设计的内容

停车场的景观设计，包括出入口景观、停车场绿化、停车场铺装设计。

1. 出入口景观

停车场（库）出入口，应有明显的停车标志、进出标志。地下车库出入口坡道的上空，应适当进行遮光挡雨处理，也可结合绿化、景墙、花架、小品等进行景观装饰设计。

2. 停车场绿化

停车场绿化，是指针对停车场实际情况，采取合理的绿化方式对停车场进行绿化，包括停车位铺装绿化、停车场内隔离带绿化和停车场边缘绿化。停车场绿化有利于车辆防晒，汽车的集散、人车分离，提高安全性能，而且对空气污染、防尘、防噪声等都有一定的作用。

（1）停车场绿化原则。

第一，安全性原则。停车场绿化应符合行车视线和行车净空要求，保证停车位的正常使用，不得对停放车辆造成损伤和污染，不得影响停车位的结构安全。停车场绿化树木与市政公用设施的相互位置应统筹安排，并应保证树木有必要的立地条件与生长空间。

第二，充分绿化的原则。停车场应尽可能创造条件进行绿化，在满足停车需求的同时

① 本节图表引自高成广、谷永丽：《风景园林规划设计》，化学工业出版社 2015 年版。

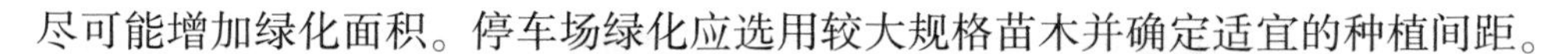

尽可能增加绿化面积。停车场绿化应选用较大规格苗木并确定适宜的种植间距。

第三，适地适树的原则。停车场绿化应遵循适地适树的原则，以植物的生态适应性为主要依据，有条件的地方做到乔、灌、草相结合，不得裸露土壤，以发挥植物最大的生态效益。

（2）绿化带布置。停车场的绿化带布置包括路边隔离带、边缘绿化、场内隔离带、树池等形式，具体方式要结合停车方式、停车场容量等综合考虑。

路边隔离带，道路旁边的停车场，应以绿化带使干道与停车场分开，绿化带内种植乔木、花草灌木、绿篱，起到隔离和遮护的功能。

边缘隔离带与场内隔离带，对于面积较大的停车场，如：购物中心、风景区、公园等处的停车场，可采用隔离带进行绿化。停车场内隔离绿化带的宽度应≥1.5m；绿化形式应以乔木为主；乔木树干中心至路缘石距离应≥0.75m；乔木种植间距不小于 4.0m 为宜。

树池，在人流量较大，周转较快停车场，如：大型超市停车场、商务办公楼停车场，可用树池栽种乔木的方式进行绿化，以利司机、乘客在停车场内穿行。树池规格应≥1.5m×1.5m；树池上应安装保护设施，其材料和形式要保证树池的透水透气需求。

（3）绿化树种选择。停车场树种应选择适应性强、少病虫害、根系发达、无树脂分泌、无生物污染、栽培管理简便、易于大苗移栽、应用效果好的常见植物；新种乔木，胸径不宜小于 8cm；枝下净空标准，小型汽车应大于 2.5m，中型汽车应大于 3.5m，大型汽车应大于 4.0m；有架空线的停车场应选择耐修剪的树种。

3. 停车场铺装设计

停车场铺装设计，包括道路硬质铺装和停车位铺装。硬质铺装除材料强度必须满足车辆通行的要求。停车位铺装分为硬质铺装和软质铺装。

（1）停车位硬质铺装。常用硬质铺装材料为砂石、混凝土、混凝土预制砖、沥青、石灰岩板、花岗岩、砂岩、生态透水砖等。硬质铺装的材料、铺装形式、颜色的选择等内容，应与园林的整体风格、特征一致。在没有特殊要求的情况下，停车场应尽量使用透水材料，保证透气透水性，使雨水能够及时下渗。

（2）停车位软质铺装。停车位软质铺装主要是在砌块的空隙、接缝中栽植草皮（地被）。软质铺装的停车场一般称为嵌草生态停车场。砌块一般用混凝土预制砖、石材、透水砖、植草格等，砌块铺砌图案有冰裂纹、菱形、工字纹、井字纹、人字纹、席纹等，可根据需要进行设计。

植草砌块的铺砌，强度应能满足停车的需要，草皮免受行人和车辆的践踏碾压，砌块厚度应≥100mm，植草面积应≥30%；砌块孔隙中种植土的厚度以不小于80mm，种植土上表面应低于铺装材料上表面10~20mm；植草铺装排水坡度应≥1.0%，并应采用节水型灌溉技术，提高水分利用率、降低停车场的养护管理成本。

第三节　广场景观与居住区景观设计

一、广场景观设计

城市，是人类聚集、居住、生活、工作、交易的中心，并为人的不同活动提供各类适宜的场所，是人类社会经济发展到一定阶段的产物，并在一个国家或地区中所发挥着重要的政治、经济和文化的作用。城市作为社会活动的载体，必须具备各种功能，能够提供各类空间，以满足城市中居民的种种需要。城市广场就是其中重要的公共空间形式之一，它提供人们进行交往、观赏、娱乐、休憩等活动的空间。

随着城市的发展和现代生活的不断改变，作为城市开放空间的主要组成部分，城市广场在城市生活中扮演着越来越重要的角色，也较传统城市广场有了更深刻、更丰富的内涵。“城市广场是城市中重要的公共空间，肩负着传播区域文化、提供休闲娱乐空间等责任。”[①] 其概念可以从以下角度进行阐述：

第一，在功能上，由城市功能的要求而设置，是供人们活动的空间。城市广场通常是城市居民社会活动的中心，广场上可组织集会、交通集散、游览休闲、组织商业贸易及交流等公共活动。

第二，在形态上，是城市空间形态中的节点或者节点的扩张，代表了城市的典型特征，是一个充满活力的焦点。通常情况下，由建筑物、街道、山水、绿地围合或限定的城市空间，并把周边各独立部分结合成一个整体，提供市民公共活动的开放空间。

第三，在景观文化上，与周围的环境具有某种统一和协调性，景观文化表现城市地域文化和场所精神，能反映城市风貌、历史人文，是城市景观构成的重要组成成分。

此外，广场还具备三个主要特征：①公共性，供市民使用，任何市民都能在此休憩、娱乐、通行及其他自发的社会公共活动；②开放性，广场在任何时候均可供公众使用；③

① 刘轲：《地域特色在城市广场设计中的体现》，载《建筑经济》2021年42期，第135页。

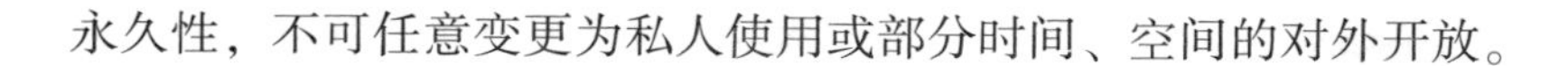

永久性，不可任意变更为私人使用或部分时间、空间的对外开放。

（一）城市广场的分类

城市广场的分类，可以从以下方面进行分类：

1. ***广场性质***

城市广场的性质取决于它的使用功能和作用，主要包括市政广场、商业广场、交通广场、休闲娱乐广场、文化广场、礼仪广场、纪念广场、宗教广场等。

（1）市政广场。市政广场多修建在市政厅建筑和城市行政中心所在地，有着强烈的城市标志作用，主要用于政治文化集会、庆典、游行、检阅、礼仪、传统节日活动和市民休憩等。市政广场往往布置在城市中心地带，或者布置在通向市中心的城市轴线道路节点上，周围建筑以行政办公为主，也可适当安排城市的其他主要公共建筑物。市政广场应按集会人数计算场地规模，并根据大量人流迅速集散的要求，在主出入口处设置小型集散广场，便于内外交通的组织。

（2）商业广场。商业广场是城市广场中最常见的一种。它是城市生活的重要中心之一，用于集市贸易和购物。商业广场多以步行环境为主，并与商业建筑空间相互渗透。人们在长时间购物后，往往希望在喧嚣的闹市中心找到一处相对宁静的休息场所。因此，商业广场要具备广场和绿地的双重特征。同时，因受时尚文化的影响，商业广场将休闲、娱乐、购物融为一体，并产生更多的活动内容及文化内涵，使广场凸显文化魅力。

（3）交通广场。交通广场是城市交通系统的有机组成部分，是交通的连接枢纽，起到交通、集散、联系、过渡及停车等作用，并有合理的交通组织。交通广场有两类：①城市多种交通会合转换处的广场，如：火车站站前广场；②城市多条干道交会处所形成的环岛，常精心绿化，或设有标志性建筑、雕塑、喷泉等，美化、丰富城市景观。

（4）休闲娱乐广场。休闲娱乐广场是城市中供市民休憩、游玩、演出及举行各种娱乐活动的场所，其布局形式灵活多样，是最贴近市民生活的广场，包括花园广场、文化广场、园林广场、水上广场以及居住区和公共建筑前设置的公共活动空间。广场的建筑、环境设施、绿化都要求有较高的艺术价值。

（5）文化广场。文化广场可代表城市文化传统与风貌，体现城市特殊文化氛围，为市民提供良好的户外活动空间，多位于城市中心、区中心或特殊文化的地区。一般将具有历史和文脉气息的古建、古城墙、遗址，具有较高的游览价值和较强历史文化特征的地点，建成文化广场。

（6）礼仪广场。现代礼仪广场是为城市举行节日庆典、接待贵宾等重大礼仪活动而兴建的城市广场。如：天安门广场，是目前北京市最重要的一个礼仪广场，开国大典、国庆阅兵等重大礼仪活动均在此广场举行。

（7）纪念广场。为了缅怀历史事件和历史人物，在城市中修建主要用于纪念某一人物或事件的广场。传统的纪念广场在其中心或侧面以纪念雕塑、纪念碑或纪念性建筑作为标志物，尺度巨大，主体标志物常位于构图中心。

（8）宗教广场。位于教堂、寺庙、祠堂等宗教性建筑入口，作为入口空间，是举行庆典、集会、交通聚散、休憩、文化营造、绿化美化环境的场所。

2. 广场的空间形态

按广场空间形态，可划分为以下类型：

（1）平面广场。平面广场指广场主体部分的地面、周边建筑出入口和各种交通流等，都位于同一高程面上，或略有上升、下沉的广场形式。平面广场，可以由方形、矩形、圆形等几何形体构成的中心广场，或由主次相辅的多空间构成的复合型广场，也可以是沿线性展开的条形广场。

（2）立体广场。立体广场按照广场与城市平面的关系，分为上升式广场和下沉式广场两种。上升式广场通常将车行放在较低的层面上，而把人行和非机动车交通放在较高的层面上，实现人车分流，人行穿越的核心处构筑景观广场，还城市以绿色；下沉广场的交通流线则与上升相反，下沉式广场不仅能够妥善解决不同类型的交通分流问题，而且更易于在喧嚣的现代城市外部环境中，创造出一个安静、安全、围合有致、归属感较强的广场空间。下沉式广场还常常结合地下街、地铁乃至公交车站的使用而布置。

（3）复合型广场。复合型广场是通过垂直交通系统将不同水平层面的活动场所串联为整体的空间形式。上升、下沉和地面层相互穿插组合，构成一幅既有仰视，又有俯瞰的垂直景观。复合型广场与平面型广场相比，更具点、线、面结合以及层次性和戏剧性的特点，能更好地展示广场立体景观，更富魅力。

3. 城市规划等级

按照城市规划等级、服务半径和服务对象，城市广场可分为以下类别：

（1）市级广场。市级中心广场是突出体现城市形象的大型广场，往往是城市中心区的重要组成部分，具有综合使用功能，主要服务对象为整个城市人口及城市外来游客，一般规模较大，服务范围广，在全市具有较强的影响力。

（2）区级广场。区级中心广场位于城市分区中心，是体现局部城市形象的广场，往往与区级公共活动中心结合设置，主要服务对象为该行政区划范围内的人口，在该区具有较大影响力，一般规模不大，以中、小型广场为主。

（3）社区广场。社区广场是在居住区中心、居住小区中心及其他城市地段设置的广场，具有组织社区中心的作用，主要服务对象为该居住区居民及其附近人口，服务半径小，规模较小，以小型广场为主，是市民使用最为频繁的广场。

（4）公共建筑附属的广场。此类广场结合公共建筑物设置，占地面积较少，布置灵活，常常成为某一社会群体的聚集场所，并可以起到组织公共建筑群体空间的作用。

广场分类，并非每个城市都齐全，对大城市而言，可能四级都设，也可能只有两级；对于中小城市及县镇而言，广场的综合功能更强，可能只有两级或不分级。

除以上的分类外，广场还可根据其平面组合（如：单一形态、复合形态），围合关系（如：封闭、开敞、半开敞）、立面高差（如：平面、下沉、高台）、平面形式（如：规则形状、不规则形状）、广场构成要素（如：建筑广场、雕塑广场、滨水广场、绿化广场）等进行分类。由此可见，广场具有复合性，从不同的角度有不同的划分标准，一个广场可能是多种类型的综合，如：市政广场，可能是正方形、下沉式、滨水的复合型市级广场。

（二）城市广场的功能

城市广场，作为城市绿地系统的一部分，除增加城市绿化覆盖率外，还具有以下功能：

1. 提供公共活动场所

城市广场空间的最终功能是满足人们各种活动的需要。城市中有相当一部分户外的休憩、教育、文化娱乐、体育活动是以广场空间为场所的，如：户外散步、小憩、零售摊点、室外音乐会、艺术品展示、儿童的游戏娱乐、青少年的球类活动、老年人的晨练和棋类活动、节日联欢等。一定量的室外活动，是人们生活中的必然行为，是心理和生理的要求，也是健康卫生的保证。

2. 改善交通环境

广场作为城市道路的一部分，是人、车通行和停驻的场所，起交会、缓冲和组织的作用。街道的轴线与广场的相互连接、调整，加深了城市空间的相互穿插和贯通，增加了城市空间的深度和层次，为城市功能的完善奠定了基础。

3. 城市景观的重要组成因素

城市景观是城市空间中地貌、植被、建筑物、水体等要素所组成的物质形态的表现，人们通过感官来感知，因此景观强调的是城市空间带给人的心理感受。城市广场，是人们感知城市的主要空间，也是构成城市景观的主要要素。

4. 改善城市生态环境

现代城市广场空间，往往是人工环境与自然环境的有机结合物，提供城市人造环境与自然环境之间的某种均衡，其绿化设置将有效改善、维护城市生态环境，起到城市绿肺的作用。

5. 城市文化和形象的体现

在现代城市环境中，城市广场空间变得非常重要，不仅为城市居民健康生活提供了开放的空间环境，创造了宜人的都市环境。同时，广场也是城市中多种文化活动的载体，包含各种文化内涵，表现了城市的文脉特征和地域精神，成为体现城市风貌、历史文化的重要场所。

（三）广场景观设计内容

1. 设计原则

城市广场是政治、文化、经济活动的中心，也是公共建筑最为集中的地方，城市广场的景观设计除符合国家有关规范的要求外，一般应遵循以下原则：

（1）系统性原则。城市广场设计应该根据周围环境特征、城市现状和总体规划的要求，确定其主要性质和规模，使城市广场与其他广场共同形成城市开放的空间体系。

（2）生态性原则。城市广场景观设计，应以城市生态环境可持续发展为出发点，在设计中充分引入自然要素，适应当地生态条件，创造城市生态绿岛景观，促进大环境生态功能的改善。

（3）人性化原则。广场设计要以人为本，考虑人在其中的主导作用，以及人在广场空间内的行为、心理需求，对广场的活动内容、交流空间、可达性、安全性、舒适性、美观等相关内容，进行人性化设计，使广场中的人适得其所、各有所好。

（4）特色性原则。城市广场的特色性包括地域精神和文脉特征。地域精神是指景观设计适应当地的自然生态环境，如：地形地貌、气候特点、植物等，应与当地特定的生态条件和景观协调统一，具有地方自然特色和特点；文脉特征是指当地的历史文脉，设计应有地方风情、民俗文化、突出地方建筑艺术特色，增强广场的特色和城市的凝聚力，避免同质化。

（5）公众参与性原则。公众参与主要是指在广场景观的设计过程中，从现状调查、居民意见咨询到设计成果的汇报、交流等，整个过程都应充分发挥民主，让市民的合理意见能充分体现，使广场设计更具合理性，让公众真正成为广场的主人。

2. *广场的定位*

广场的定位是对其性质、文化、形态、景观等宏观方向上的控制，是广场建设方向性、目的性与最终效果的界定。

（1）性质定位。城市广场一般具有性质上的公共性、功能上的综合性、空间场所上的多样性、文化的典型性和活动内容的休闲性等特点。广场的性质定位应综合考虑其地理位置、周围环境、服务对象、功能、文化表达、城市生态系统的完整性等相关内容，并结合城市性质、规模、空间结构与形态、历史文脉等进行深入而细致的把握，才能对广场进行准确的性质定位，如：开放性的休闲文化广场、体现地方特色和满足市民休闲聚会活动的市政广场、以生态环境营造为主绿色生态广场等不同性质的广场定位。

（2）文化定位。广场应有明确的文化主题，以展示城市深厚的文化积淀和悠久历史，成为城市文明的窗口。文化定位应融入文化内涵、突出文化特色，尊重周围环境和历史，考虑当地的民族传统和地域的文化特征，深刻理解与领悟不同文化环境的独特差异和特殊需要，从而设计出适时、适地、有特色和内涵的城市广场。

（3）形态定位。广场空间形态从平面上分为单一形态与复合形态两种基本类型。影响广场空间形态的主要因素包括：①周边建筑的体形组合与立面限定的建筑环境；②街道与广场的位置关系及交通关系；③广场的自然几何形状与尺度；④广场的围合程度与方式；⑤主体建筑物以及主要标志物与广场的关系；⑥所要表达的文化内涵或文化符号等。

（4）景观定位。广场景观的定位是在分析和选择对整个城市面貌起决定作用的景观素材后，运用艺术设计手法，将它们纳入广场景观的系统组织之中，显示出它们在空间群体中的主体导向，在景观序列中占据主景位置，从而集中体现广场的主题。使广场的整体形象由于这些元素的展示，而表现出鲜明的个性和明确的、自然的特征。

3. *广场的定量*

城市广场的定量是景观规划与设计的尺度问题。广场规模尺度过大，让人没有安全感、归属感；广场规模过小，人流量太大，活动面积少，容易造成拥挤、踩踏等，因此，定位合适的广场规模，是广场设计中的关键。

（1）广场的面积。确定广场规模，要有足够的面积保证公共活动的正常进行，又不宜追求过大的面积致使土地浪费，一般可采用如下指标：

市级中心广场，大城市 5~15hm^2，中等城市 2~10hm^2，小城市 1~3hm^2。

区级中心广场，大城市 2~10hm^2，中等城市 2~5hm^2，小城市 1~2hm^2。

社区广场，不论城市大小，以 1~2hm^{2}为宜。

其他广场，车站、码头前的交通集散广场的规模由聚集人流决定，宜为 1~1.4 人/m^2；城市游憩集会广场用地的总面积，可按规划城市人口 0.13~0.40m^2/人计算。

城市广场面积的大小，会产生不同的公众印象，大空间较小空间给人的印象要少，空间超过某一限度时，广场越大给人的印象越模糊。面积在 1~2hm^{2}的广场，给人感觉更为宜人、亲和、生动。

（2）广场的尺度。广场的尺度比例包括广场的用地形状、长宽之比、广场的大小与周边建筑体量之比、广场各组成部分之间的比例等。广场的尺度比例对人的心理情感、行为模式会产生一定的影响，继而影响到广场的使用效率，因此，适宜的广场尺度是广场设计须考虑的因素之一。

广场空间适宜的尺度，取决于人的行为心理，一般人的嗅觉感受范围为 1~3m；听觉感受范围为 7~35m；视觉辨识人表情的极限为 25m，感受人动作的极限为 70~100m，看清人的最远距离为 135m。因此，广场空间的适宜尺度，平均长宽可为 140m×60m，亲切距离为 12m；视距与视高的比值在 2~3 之间，视点的垂直角度在 18°~27°，是最佳观赏角度，此时广场的封闭感适中，尺度宜人。

（3）广场容量。广场容量是指单位面积内能容纳多少人，或每人占据空间中的多少面积。在一般情况下，广场空间的适宜容量为 3~40m^2/人之间，其中，10m^2/人是空间气氛转向活跃的中值。节假日，在广场举行集会、大型文艺演出、促销等活动的特殊情况下，广场局部的容量可放宽至 1.5m^2/人左右，1.5m^2/人是广场容量的最大值。

4. 广场用地与功能区划分

根据广场主要使用功能和外观特征，广场用地可分为广场铺装用地、绿化用地、道路与交通用地、附属建筑用地等。不同性质的广场，其活动内容、功能需求不同，对用地的比例要求不尽相同。广场的功能分区可根据不同的活动内容进行设置，如：中心景观区、老年活动区、儿童活动区、休闲娱乐区等。

（1）广场铺装用地。广场铺装用地指承载市民集会、表演、观景、游玩、休息、娱乐、交往和锻炼等广场活动行为，用各种硬质材料铺装的用地。铺装场地还可划分为复合功能场地和专用场地两种类型，复合功能场地没有特殊的设计要求，不需要配置专门的设施，是广场铺装场地的主要组成部分；专用场地在设计或设施配置上具有一定的要求，如：露天表演场地、某些专用的儿童游乐场地等。

（2）绿化用地。广场上成片的乔木、灌木、花卉、草坪用地及水面面积。绿化用地的比例与广场的类型有关，市、区级中心广场重视环境和景观的创造，绿地的比例往往较高；社区广场与市民各项活动关系密切，铺装场地的比例较高。广场用地既要保证市民正常活动的需要，又不宜形成过大的硬地面积，造成广场的景观生态效能下降。一般而言，广场要产生一定的生态效益，绿化用地的比例不宜低于总面积的60%。

（3）道路与交通用地。道路与交通用地主要为人、车通行的用地，联系不同的广场区域而设置的专用空间，可按宽度划分为主要通道与园路两种类型，主要通道宽度为3~6m；园路宽度为1~3m。道路可与活动场地结合布置，既能解决人流高峰时的交通疏散问题，又可在平日游人不多时兼作活动场地，提高场地空间的利用率。

（4）附属建筑用地。附属建筑用地是广场上各类建筑基底占用的用地。建筑类型包括：游憩类（如：亭、廊、榭）、服务类（如：商品部、茶室、摄影部）、公用及维护类（如：厕所、变电室、泵房、垃圾收集站）、管理类（如：广场管理处、治安办公室、广播室）等。

5. 道路系统设计

（1）出入口。城市广场道路系统设计应当充分考虑广场与周边环境的交通状况，广场出入口应与周围主要的人流、车流（包含机动车流和非机动车流）衔接，考虑主要人流与主空间、主景观、主功能区之间的关系，开口的大小与人流成正相关关系，并能最快地疏散聚集的人流。

（2）停车。随着人均收入的提高，城市的汽车拥有量日益增加，应充分考虑到大量的停车需求。广场的停车可结合周边停车、地下停车及适当的地面停车进行。

（3）地面铺装。硬质铺地是广场设计的一个重点，广场以硬质景观为主，其最基本的功能是为市民的户外活动提供场所。在工程和选材上，铺地应当防滑、耐磨、防水排水性能良好；在装饰性上，以简洁为主，通过其本身色彩、图案等来完成对整个广场的修饰。通过一定的组合形式来强调空间的存在和特性，通过一定的结构指明广场中心及地点位置，以放射的形式或端点形式进行强调。同时，广场铺地要与功能相结合，如：通过质感的变化，标明盲道的走向；通过图案和色彩的变化，界定空间的范围（如：交通区、活动区、休息区、停车区等），从而规范空间的活动与行为。

（4）广场高差的处理。广场不同高差之间的处理，可以用坡道、踏步或用栏杆进行防护。坡道最小宽度应为120cm，坡度不超过1：12，两侧应设高度为0.65m的扶手，当其水平投影长度超过15m时，宜设休息平台。坡道高于15cm或长度超过180cm时，必须有护栏；踏步的最小宽度是28cm，踏步沿要用最大宽度约1.3cm的彩色镶嵌条给出清晰标示；护栏，地面高差过大时，应安装护栏，安装在地面以上约86～96cm之间的地方，安装时要保证安全，不能让护栏在其基座上转动，不能有尖锐的边缘和毛边，并要保证圆形扶手表面光滑，直径在3.5cm左右，扶手必须与墙、转柱或地面相接，或将露在外面的扶手端部做成圆形以防伤人。

（5）无障碍设施。无障碍设施是指为保障残疾人、老年人、伤病人和儿童等弱势人群的安全通行和使用便利的服务设施。广场设计中，边缘与人行道交接的各个入口地段，必须设盲道；广场内若有高差变化，应设轮椅坡道和扶手；广场内的台阶、坡道和其他无障碍设施的位置应设提示盲道；广场内休息建筑等设施的平面应平缓防滑；休息座椅旁应设轮椅停留的位置，以便乘轮椅者安稳休息和交谈，避免轮椅停在绿地的通路上，影响他人行走；公共厕所的入口、通道及厕位、洗手盆等的无障碍设计也应符合国家相关规范。

6. 植物景观设计

（1）功能与作用。广场上植物的功能除了最基本的观赏功能外，还包括空间分隔、软化、行为支持、框景和障景、遮阴等。

第一，空间分隔。在广场中，利用植物材料进行空间组织与划分，形成疏密相间、曲折有致、色彩相宜的植物景观空间。对外，植物将广场和街道隔离，使广场活动不受外界的干扰；对内，可以产生不同类型的空间，如：开敞空间、私密空间、半开敞空间等，使广场空间具有一定的氛围感，增加了参与性，提高了广场的利用率。

第二，软化。植物也被称为软质景观，它可以调整街道的呆板景色，可以对广场内硬质景观所产生的生硬感受起缓和作用。

第三，行为支持。大多数人使用广场没有明确的目的性，只是希望有空间可看、可留。植物由于其令人赏心悦目的色彩、芳香以及姿态，很容易吸引使用者的注意力，成为人们随意使用广场的行为支持物。

第四，框景和障景。植物在广场中的框景和障景作用，包括限制观赏视线、完善其他设计要素、在景观中作为观赏点或背景等。

第五，遮阴。良好的植物遮阴，不仅改善广场的小环境状况，还提高广场夏季的使用率。

（2）“全面提升风景园林中植物景观的设计水平，不仅能够让风景园林的建设呈现出

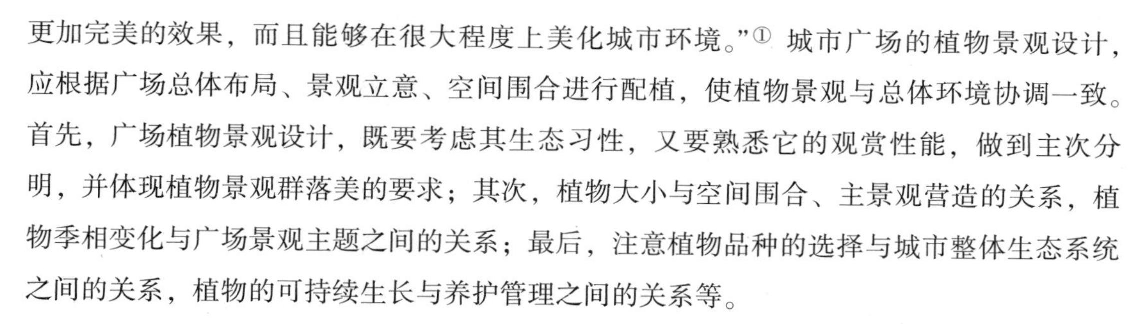

更加完美的效果，而且能够在很大程度上美化城市环境。”[①] 城市广场的植物景观设计，应根据广场总体布局、景观立意、空间围合进行配植，使植物景观与总体环境协调一致。首先，广场植物景观设计，既要考虑其生态习性，又要熟悉它的观赏性能，做到主次分明，并体现植物景观群落美的要求；其次，植物大小与空间围合、主景观营造的关系，植物季相变化与广场景观主题之间的关系；最后，注意植物品种的选择与城市整体生态系统之间的关系，植物的可持续生长与养护管理之间的关系等。

7. 广场水景设计

广场中的水能降低噪声、调节空气的湿度与温度、减少空气中的尘埃，对人的身心健康有益。水，可静可动，可无声可喧闹，平静的水使环境产生宁静感，流动的水则充满生机。水的魅力主要通过视觉、听觉、触觉而为人所感受，因此，在广场设计中，可适当设计水景观。

广场中的水景有喷泉、跌水、瀑布、水池、溪流等形式，尤以喷泉为常见，但在建造之前，必须考虑喷泉昂贵的运行和维护管理费用。在实际水景设计中，要充分考虑当地的经济条件以及地理气候条件，与周围环境和人的活动有机结合起来，特别是要与人的行为心理结合起来，尽可能营造一些安全的亲水空间。

8. 雕塑小品与设施设计

（1）雕塑小品设计。城市广场作为城市的一个重要的公共交流空间，可以适当设置雕塑或小品，成为广场景观的点睛之笔。设计时，应根据雕塑所处位置进行综合考虑，如位于广场中心，则对广场空间起主导和凝聚作用，成为视觉焦点；如位于边界点，则标志广场的界限，预示广场的起始或终结。雕塑的尺度大小应考虑两个因素：①整个广场的尺度，以广场为尺度的雕塑主要存在于纪念性广场或主题广场中，对整个广场起主导性的作用；②人体的尺度，以人为尺度的雕塑一般存在于商业及游憩广场中，具有亲切和随意感。

（2）休息设施。城市广场中，休息设施主要是座椅。座椅的形式、位置、数量、布局，直接影响到广场空间的舒适性。广场中的座椅按照形式以及使用方式的不同，大致可分为正式座椅（基本座位）、非正式座椅（辅助座位）等。正式座椅（基本座位），就是指凳子和椅子，包括长椅、方桌、条凳等多种形式，其特点是以非常直观的形象向人们表明了其坐憩的功能并鼓励人们的使用；非正式座椅（辅助座位），可以是台阶、雕塑的基

---

① 李萍：《植物景观设计在风景园林中的应用探究》，载《新农业》2022 年 14 期，第 50 页。

座、矮墙、石灯笼、石条、水池边或树池边沿等，可以用来暂时休息的座位。

座椅的位置，一般来说，座椅最好布置在空间的边界处，背后应有所依靠，如灌木、矮墙、建筑等作为保护，才具有心理上的安全感。在行为心理学中，人们倾向于在自己感觉安全的地方就座。

座位朝向，朝向多个方向设置意味着人们坐着时可以看到不同景致，人们观看行人、水体、花木、远景、活动的事物等，人人都有看人的心理，而不喜被看，因此，座位朝向景观较好、有内容可看的地方，座位的上座率就较高。

座位的数量，每 $1hm^2$ 面积上园椅、园凳的数量为 20~150 位，即平均每两个座位的园椅、园凳的服务半径为 16m。

（3）环境设施。环境设施包括照明、音响、电话亭、标志牌、垃圾桶、盥洗室、碑塔、栏杆、灯柱、广告牌等，是广场重要的组成部分。环境设施作为广场中的元素，既要支持广场空间，又要表现一定的个性，在实用、便利的前提下，应注重整体性、可识别性和艺术性的设计。

二、居住区景观设计

居住区是居民生活在城市中以群集聚居，形成规模不等的居住地段，按居住户数或人口规模，分为居住区、小区、组团三个等级。

居住区是指具有一定的人口和用地规模，并集中布置居住建筑、公共建筑、绿地、道路以及其他各种工程设施，被城市街道或自然界限所包围的相对独立地区，因受公用设施合理服务半径、城市街道间距以及居民行政管理体制等因素的影响，居住区的合理规模一般为：人口 5 万~6 万（不少于 3 万）人，用地 $50\sim100hm^2$。

居住小区是指被城市道路或自然分界线所围合，并与居住人口规模（1 万~1.5 万人）相对应，配建有一套能满足该区居民基本的物质与文化生活所需的公共服务设施的居住生活聚居地。

居住组团一般被小区道路分隔，并与居住人口规模（0.1 万~0.3 万人）相对应，配建有居民所需的基层公共服务设施的居住生活聚居地。

（一）居住区景观的类型

居住区是一个复杂的有机体，建筑是主体，为人们提供庇护场所。建筑所围合的外部空间，则是人们进行交流、通行、休息、锻炼、嬉戏等各种户外活动的场所。根据居住功

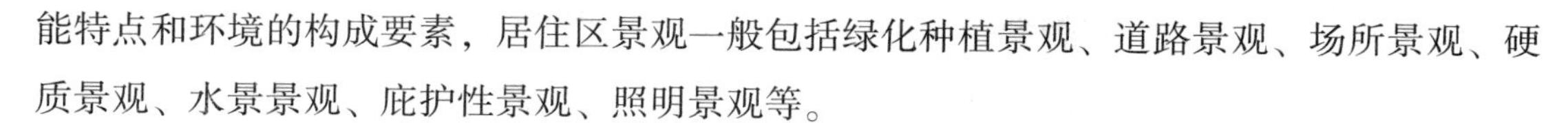
能特点和环境的构成要素，居住区景观一般包括绿化种植景观、道路景观、场所景观、硬质景观、水景景观、庇护性景观、照明景观等。

绿化种植景观包括植物配置、宅旁绿地、隔离绿地、架空层绿地、平台绿地、屋顶绿地、绿篱设置、古树名木保护等；道路景观包括机动车道、步行道、路缘、车挡、缆柱等；场所景观包括健身运用场、游乐场、休闲广场等；硬质景观包括便民设施、信息标志、栏杆/扶手、围栏/栅栏、挡土墙、坡道、台阶、种植容器、入口造型、雕塑小品等；水景景观包括自然水景、游泳池水景、景观用水（喷泉、瀑布、跌水、倒影池）等；庇护景观，亭、廊、棚架、膜结构等；照明景观包括车行照明、人行照明、场地照明、安全照明、景观照明等。

（二）居住区景观设计原则

第一，以人为本的原则。充分考虑人的活动规律，统筹安排交通、用地和各种设施，坚持以人为本的原则，体现人本效应，追求景观环境的多样性、舒适性，提倡居民参与意识，满足居民的不同需要。

第二，坚持生态原则。处理好保护与利用的辩证关系，应尽量保持现存的良好生态环境，顺应地形，尽量采用当地的植被，保护地质构造，合理开发和利用场地，提倡将先进的生态技术运用到环境景观的塑造中去，利于环境的可持续发展。

第三，坚持经济性原则。顺应市场发展需求及地方经济状况，注重节能、节材，注重合理使用土地资源，提倡朴实简约，反对浮华铺张，并尽可能采用新技术、新材料、新设备，达到优良的性价比。

第四，坚持地域性原则。应体现所在地域的自然环境特征，因地制宜地设计出具有时代特点、地域特征的空间环境，避免盲目照抄、照搬。

第五，坚持历史文化性原则。尊重历史文化，保护和利用历史性、文化性景观，特别是历史保护地区的住区景观设计，更要注重整体的协调统一，挖掘潜在的文化因素，打造具有文化氛围的景观。

（三）居住区景观设计定位

景观设计定位，必须充分考虑和了解居住区在城市规划中的定位，居住区所在城市的相关特征、周边环境，居住区建筑风格等内容的基础上进行。

1. 城市相关规划

影响居住区景观设计的相关规划，包括城市总体规划、城市控制性详细规划、城市绿地系统规划。城市总体规划是确定一个城市的性质、规模、发展方向，合理利用城市土地，协调城市空间和进行各项建设的综合布局、全面安排，是所有建设项目必须依据的法律文件；城市控制性详细规划是确定建设地区的土地使用性质、使用强度、空间环境控制的指标等，如：容积率、建筑高度、建筑密度、绿地率等用地指标，从而确定了居住区景观的类型和基本指标；城市绿地系统规划是控制城市绿地结构、体系和绿地数量的相关指标，对整个城市绿地系统的功能发挥起重要的作用。在居住区园林景观设计中，要充分考虑城市绿地系统的整体性，使居住区园林绿地成为城市绿地系统中一个有机的组成部分，达到局部功能与总体功能的统一。

2. 城市特征

居住区景观设计应以城市大背景为基础，要充分考虑城市的性质、城市的定位、城市的功能分区，要考虑居住区所在城市区域的定位、功能，城市的历史文化脉络。

3. 地域特色

地域特色来源于对当地气候、环境、自然条件、历史、文化、艺术的尊重与发掘。居住区总体内在和外在特征，不是靠人的主观断想与臆造，而是通过对居住功能、生活规律的综合分析，对地理、自然条件的系统研究，进而提炼、升华、倡导的一种生活理念。

4. 项目基地特质的提升

主题的确定不是凭空想象的产物，要有载体的支撑。主题与基地特质应相互呼应，并适当提升，如：一个居住区定位于河畔主题，项目基地附近就应该有水景要素，要么临湖，要么临海；若无水的元素，则主题便成为空中楼阁，无法营造也无法令人信服。

5. 具有独特性

确立居住区环境的整体特色，使景观构成要素具有一定的独特性或个性。主题的真正内涵就是个性化，尤其是个性化的户外环境设计，为不同的消费群体提供了更多的选择，表现出当代居住人文精神的回归，映射出时代潮流中的情感、精神、艺术、审美等文化内涵，为城市景观增添亮丽、独特的风景，如：现代中式风格、欧洲古典风格、东南亚热带风格等。

（四）居住区景观分区设计

1. 出入口景观区

居住区出入口景观区，是居住区与外部环境过渡、联系的空间，包括主出入口和次出

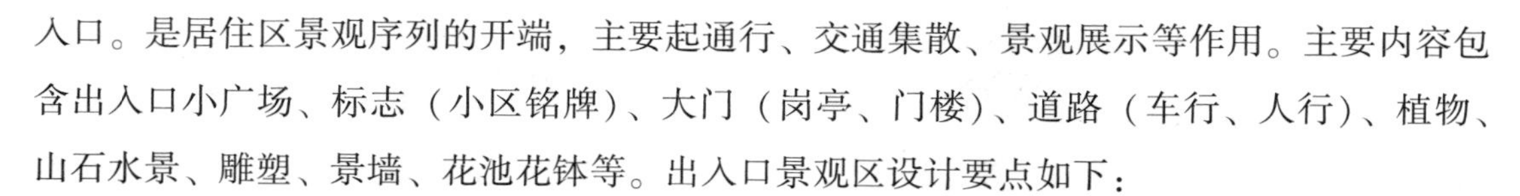

入口。是居住区景观序列的开端，主要起通行、交通集散、景观展示等作用。主要内容包含出入口小广场、标志（小区铭牌）、大门（岗亭、门楼）、道路（车行、人行）、植物、山石水景、雕塑、景墙、花池花钵等。出入口景观区设计要点如下：

（1）交通组织。出入口首先应满足人车分流，车行道宜分为进、出两个车道，每车道的宽度不小于4m，人行步道不宜小于2.5m。出入口应设置无障碍通道（轮椅的坡道宽度不应小于2.5m，纵坡不应大于2.5%），并符合相关规范的要求。

（2）景观展示。出入口景观应能表达出居住区的品质、档次、社区规模、地域特点、风格等内容。

（3）特色景观。出入口景观设计应与居住区建筑、公共建筑保持尺度、色彩、风格相协调，并有一定的地方特色、文化韵味或开发商的企业文化、形象，形成小区出入口独具特色的景观。

2. 中心景观区

中心景观区是居住区中心绿地，如：居住区公园（不小于1hm^2）、小游园（不小于0.4hm^2）、集中绿地等，在居住区用地中占据重要的位置，对居住区的生态环境、景观效果、使用功能具有直接的影响。中心景观区设计的要点如下：

（1）布局。通常位于居住区中心或接近中心、或接近主要出入口的位置，体现便捷性和均好性。

（2）景观。重心中心景观区是居住区标志性、中心景观所在地，其内容、形式、主题等都应能体现出景观的重心所在，并能统领各组团的景观分区。同时，绿化面积（含水面）不宜小于70%。

（3）内容丰富。中心景观区是居住区内面积较大、设施齐全的室外活动场所，服务整个居住区的居民，内容设置上应丰富多彩，如：休闲广场、儿童游乐场、游泳池、老年活动区、安静休息区、文化娱乐、体育健身等，满足不同的活动需求，并提升居住区的品质。

3. 庭院景观区

庭院景观区，指由2~4幢住宅（组团）围合（或半围合）的院落空间，其绿地为组团绿地（应满足宽度不小于8m，面积不小于0.04hm^2）。在居住区景观环境中，住宅庭院空间占地面积大、分布广，与住宅直接相连，对居住环境的影响最为直接。因此，要求景观设计具有均好性。庭院景观区的设计要点如下：

（1）空间布局。庭院空间布局以绿化为主，功能性场所适当设置，为本庭院的户外活动、邻里交往、休闲娱乐、儿童游戏、老人聚集等提供良好的条件。

（2）休闲设施。庭院中适当布置休息娱乐设施，如：可供邻里休闲聊天的座椅或亭廊、儿童娱乐的场所与设施，铺装可采用草坪砖铺地，既能保证居民的活动，又有较高的绿化覆盖率。

（3）景观风格。庭院景观的风格、主题与中心景观区相呼应，并丰富整个居住区的景观内容。

4. 宅旁绿地景观

宅旁绿地是住宅建筑周边的绿地，单块面积不大，但分布广，是居民活动最频繁、使用最多的景观环境，直接影响居住环境质量。宅旁绿地景观设计要点如下：

（1）可识别性。单元出入口前的景观设计应具有一定的可识别性，有一定的主题或风格，采用具有明显特征的植物景观（如：大树、花卉、灌木球等）、山石小品、雕塑、景观建筑、入口装饰等，形成不同的入口景观氛围。

（2）聚散场所。单元出入口前设置小型聚散场所，便于人流疏散、提供邻里交往的空间。

（3）休闲设施。宅旁绿地内尽量设置一些安静休闲设施，如：座凳、花架、亭廊、小型儿童活动设施等，供居民茶余饭后休闲活动。

（4）栽植距离。宅旁绿地最贴近住宅，因此，在植物景观营造时应考虑住宅的采光、通风、管线等内容，一般建筑外2m范围内不宜种植高大的乔木，特别是近窗、近阳台处应留出足够的空间，以保证居民拥有阳光和通风的环境。

5. 道路景观

道路是居住区构成的基本骨架，具有联系不同的分区、建筑空间、景观节点的功能，随着人群与车辆的流动，道路与其周边的事物也会产生相对性运动，使道路与其周边的事物得以以序列的形式逐步呈现。道路蜿蜒曲折的形式，充满诗意的韵味，精巧美丽的图画，每一处都能给人以美的感受。此外，道路与其周边景观融为一体，紧密结合，产生路景结合的效果。

居住区道路由车行道与步行道两类构成。车行道通常指居住区级与小区级道路，住宅楼群一般沿道路呈一定南北向角度布置，由于车行道主要由车辆驾驶通行，因此要求车行道路景观具有延续性。居住区内部车行道路一般较少弯曲，通常有混凝土与沥青等耐压材料建造。部分小区道路难以做到人车分流，车行道也具有供居民步行的功能，因此这类道路须具有车行与步行两种道路景观的特性，在设计中应整合考虑。同时，在关键道路景观

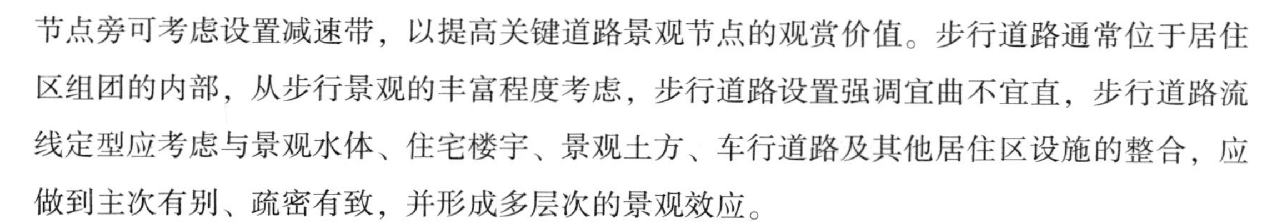

节点旁可考虑设置减速带，以提高关键道路景观节点的观赏价值。步行道路通常位于居住区组团的内部，从步行景观的丰富程度考虑，步行道路设置强调宜曲不宜直，步行道路流线定型应考虑与景观水体、住宅楼宇、景观土方、车行道路及其他居住区设施的整合，应做到主次有别、疏密有致，并形成多层次的景观效应。

居住区内道路又可分为居住区道路（红线宽度不宜小于 20m）、小区路（路面宽 6~9m）、组团路（路面宽 3~5m）和宅间小路（路面宽不宜小于 2.5m）4 级，居住区内机动车最小转弯半径 R≥6m，转折长度不宜低于 20m，道路尽端最小回车场 12m×12m。道路景观包括道路绿地空间、道路铺装、道路附属设施及景观小品等，在景观分区中作为线状景观区域，起到连接、导向、分隔、过渡、围合等作用。道路景观设计要点如下：

（1）主题和命名。根据其所处居住区的位置、小区或组团名称、景观特征、行道树、主题雕塑等内容，进行道路景观主题的确定和命名，便于景观营造和识别，如：樱花大道、银杏路、桂花路、竹径等。

（2）绿地景观宜丰富。小区内的道路，人员交流比较频繁，上下班、购物、休闲散步等都穿行在道路上，因此，道路两边的景观宜丰富多彩、有变化和富有吸引力，行道树可选择开花、色叶、季相特征明显的树种，绿地内乔灌草结合，种植形式可多样性，每条路都有一定的特色和风格，营造出居住区优美宜人的居家氛围。

（3）铺装景观宜有特色。小区中的园路铺装，除了满足一般道路所要求的坚固、耐磨、防滑外，还应有一定的特色、个性，便于识别和有归属感。

（4）附属设施宜统一。道路附属设施包括信息导示牌、标志牌、指路标、垃圾桶（箱）、隔离栏（桩、墩）、路灯、座椅、音响设施等，其景观风格、材料、造型、色彩、文化内涵等都应统一进行设计，集中表现居住区的景观特色。

（5）景观小品宜亲切。景观小品可点缀在道路起点、端点、组团道路出入口、单元出入口、道路拐角等视线集中区域。小品风格以亲切宜人为主，表现家的氛围，切忌前卫、搞怪和不知何物。

6. 外围环境

居住区的外围环境，是居住区与周边环境的隔离带，面积大小不一，功能以空间隔离、安全保障为主，内容包括植物绿化、安全防护设施。外围环境景观设计要点如下：

（1）植物景观以生态环境营造为主。植物景观以生态环境营造为主，乔灌草结合、层次多样、疏密有致，树种可选择适应性强、易管理的速生树种。

（2）地形的营造。面积较大的区域，地形可适当起伏变化，增加植物的层次，较少噪声、扬尘和形成宜人的生态小环境。

(3) 安全防护设施景观化。安全防护设施包括墙、防护栏杆、栅栏、围栏、挡墙等，设计时应与居住区整体风格相统一，在保障安全的同时，具有一定的景观性。

(五) 居住区功能性场所设计

居住区是居民长期生活、居住的场所，设计中应营造一定量的功能性场所，以满足居民居住生活、休息娱乐、体育健身、文化教育、生活服务等多方面的要求，为居民创造一个舒适、卫生、宁静和优美的环境，有利于人们消除疲劳、振奋精神、丰富生活，增强居民的归属感和舒适感。

功能性场所的内容一般包括休闲广场、儿童游乐场、老年活动场地、运用健身场所、安静休息区等，布局应相对集中、均衡分布，以提高场所的利用率，布局的依据包括服务对象、服务半径和服务性质。

服务对象。可以根据服务对象的不同，考虑功能性场所的分布，如：运动场、健身场、游泳池、中心休闲广场等以小区居民为服务对象，应集中布置在主轴线或中心景观区域；儿童游乐场、老年活动场地、安静休息区等以组团居民为服务对象，应就近设置，均匀分布。

服务半径。成年人的服务半径为250 m，老年人的服务半径为200m，儿童的服务半径为50m。

服务性质。根据功能场所性质的不同，考虑其不同的位置，如：游泳池居中布置，可以将功能性、景观性结合起来，提高小区品质；室外运动场地应尽量远离住宅楼，以免噪声、灯光扰民；儿童活动场地应就近住宅布置，便于看护；老人活动场地可以和中心广场结合，提高广场的利用率，但以闹为主（如：跳舞、健身、广播操等）的活动广场应远离住宅布置，并有一定的隔离空间（带）。

1. 休闲广场

休闲广场应设于住区的人流集散地（如：中心区、主入口处），面积应根据住区规模和设计要求确定，形式宜结合地方特色和建筑风格考虑。广场上应保证大部分区域有日照和通风。广场周边宜种植适量庭荫树和休息座椅，为居民提供休息、活动、交往的设施，在不干扰邻近居民休息的前提下保证适度的灯光照度。广场铺装以硬质材料为主，形式及色彩搭配应具有一定的图案感，不宜采用无防滑措施的光面石材、地砖、玻璃等。广场出入口应符合无障碍设计要求。

2. 儿童游乐场

儿童游乐场是居住区儿童相互交流、游戏、益智、锻炼的场所，是家长看护、陪伴、休息、共同参与游戏的空间。儿童游乐场设计要点如下：

（1）儿童游乐场的选址。游乐场地必须阳光充足，空气清洁，避开强风的袭扰；应与居住区的主要交通道路相隔一定距离，减少汽车噪声的影响并保障儿童的安全；游乐场的选址还应充分考虑儿童活动产生的嘈杂声对附近居民的影响，离开居民窗户 10m 远为宜；儿童活动场地的服务半径为 50m，儿童步行几分钟可以到达，就近住宅布置；考虑日照和成年人看护区。

（2）儿童游乐场的面积。小区级游乐场面积为 $1500m^2$ 以上，最小场地 $640m^2$，儿童人均最小面积 $12.2m^2$，服务半径不大于 200m，服务 90～120 个儿童；组团级游乐场面积为 $500\sim1000m^2$，最小场地 $320m^2$，儿童人均最小面积 $8.1m^2$，服务半径不大于 150m，服务 20～100 个儿童；组团级以下儿童游乐场面积为 $150\sim450m^2$，最小场地 $120m^2$，儿童人均最小面积 $3.2m^2$，服务半径不大于 50m，服务 20～30 个儿童。

（3）儿童游乐场项目的设置。游戏设施包括地形玩耍（如：草地、山体、滑道、坑洞、坡地等），器械玩耍（如：滑梯、跷跷板、秋千、爬梯、攀爬架、组合玩具等），构筑物玩耍（如：植物迷宫、游戏墙），活动场地和介质玩耍（如：水体、戏水池、沙坑、滑板场、溜冰等）。较受儿童欢迎的设施，1～5 岁儿童喜欢滑梯、秋千、木马、沙坑、戏水池等；6～12 岁的少年儿童喜欢滑梯、木马、跷跷板、游泳池、羽毛球、滑板、溜冰等。

项目设置应为不同年龄组儿童提供不同的、多样性的活动方式和设施。儿童游乐场设施的选择应能吸引和调动儿童参与游戏的热情，兼顾实用性与美观，色彩可鲜艳但应与周围环境相协调。

（4）儿童游乐场的安全性。儿童游戏场应设置安全铺地（如：橡胶铺地、塑料砖铺地、塑胶铺地、草坪铺地等）；儿童游戏场可适当种植高大的乔木，遮阴及保持一定的通视性，便于成人对儿童进行目光监护，植物应忌有毒、有刺、有飞絮的树种；游戏器械选择和设计应尺度适宜，避免儿童被器械划伤或从高处跌落，可设置保护栏、柔软地垫、警示牌等。

（5）儿童游乐场的环境设计。游乐场附近应为儿童提供饮用水，便于儿童饮用、冲洗、玩沙游戏等；为方便家长的看护，周边还应提供座椅、石凳、亭、廊等休息设施；游乐场内可适当介入绿化设计，使场地同时具有景观效果。

3. 老年活动场地

老年活动场地是老年人相互交流、运动健身、安静休息的场所。老人是居住区活动人群的主要组成，使用时间也最长，因此，在小区中设置老年人活动场地至关重要。老年活动场地设计要点如下：

（1）老年活动场地的选址与布局。选址要远离主交通要道，有充分日照；服务半径为200m，步行几分钟即可到达，应充分考虑可达性和无障碍通道。

（2）老年活动场地的内容与设施。根据老年人的类型进行设置，如：健身型的老人，可设置门球场、慢跑（步）道、舞剑、打拳、广场舞、按摩步道、健身器械等设施及场地；娱乐消遣型的老人，可设置棋桌、牌桌、石桌凳、亭廊等室外家具及场所；情趣爱好型的老人，可设置吹、拉、弹、唱等活动场地。

（3）老年活动场地的安全性。老年活动场地尽量避免坡道和多级台阶，保障老年人活动的安全性；铺装以表面平滑、亚光材料为主，并做防滑处理；在活动区要多安排、组织一些座椅（木质）、凉亭，方便遮阴纳凉；活动场地进行无障碍设计。

4. 运动健身场所

居住小区的运动健身场，是为居民提供集中、标准的体育锻炼与活动的场所，包括专用运动场和一般的健身运动场，专用运动场指网球场、羽毛球场、乒乓球场、门球场、篮球场、足球场、跑道、室内外游泳池等；健身运动场指健身广场、室外健身器材与场地、慢步道等。运动健身场所设计要点如下：

（1）运动健身场所的选址与布局。选址应与居民楼保持一定的距离，在满足服务半径的情况下，尽量设于住区边缘；运动场地应分散在住区，方便居民就近使用又不扰民的区域；不允许有机动车和非机动车穿越运动场地，以保障安全；选址需地势平坦的区域；室外运动场地应考虑充分日照。

（2）运动健身场所的面积与设施。居住区级运动健身场面积8000~15 000m^2，位置适中，服务半径不大于800m，可设400m跑道、足球场、网球场、篮球场等大型运动场；居住小区级运动健身场面积4000~10 000m^2，结合小区中心布置，服务半径不大于400m，可设小足球场、篮球场、排球场、羽毛球场、门球场等中型的运动场；组团级运动健身场面积2000~3000m^2，服务半径100m左右，可设老年健身广场、健身器材、露天乒乓球场等内容；运动健身场的相关设施及内容应按国家相关规范和技术进行设计。

（3）运动健身场所的环境设计。运动场周边设置安全围护与隔离设施；周边设置休息区及适量的座椅、花架、亭、廊等设施，满足人员集散、休息和存放物品；植物的选择考

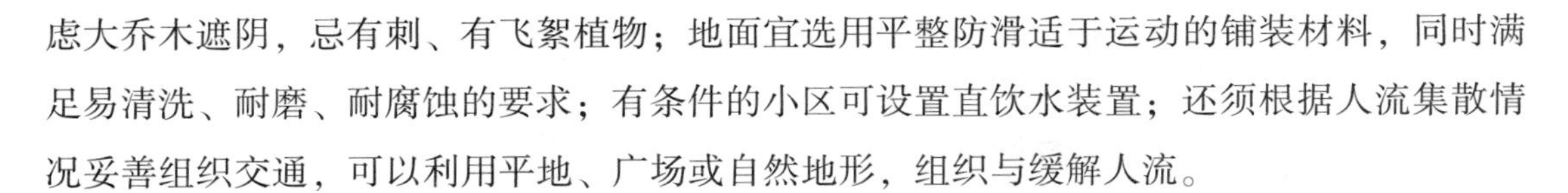

虑大乔木遮阴，忌有刺、有飞絮植物；地面宜选用平整防滑适于运动的铺装材料，同时满足易清洗、耐磨、耐腐蚀的要求；有条件的小区可设置直饮水装置；还须根据人流集散情况妥善组织交通，可以利用平地、广场或自然地形，组织与缓解人流。

5. 安静休息区

安静休息区在居住区内作为观赏、休息、静思之用，是居住区景观中的最基本也是最主要的组成部分，一般与喧闹的活动区有所隔离，避免游乐设施、游戏场等喧闹的环境靠近。同时，不宜有大片的硬地铺装，宜多种植花草树木，用树木遮挡视线、遮阴，形成一个较为安静的场所。

场所内应为居民提供必要的设施，如休息桌椅、石凳、平台、廊、亭、展览室、图书室等，特别是桌凳，其位置应靠近散步道，背后应适当遮挡，最好有大片的灌木丛。桌凳的位置、高矮、大小、色彩、材质等都应既满足人们的生理和心理需求，又能与环境相协调；其数量和间距既能满足一人静坐休息，又能满足多个人交谈娱乐之需。散步道也是安静休息区设计的重点，既要满足人们行走的需求，又要考虑两侧的景观以及线路的曲折，并与桌凳形成很好的配合。

（六）居住区园林景观标准化设计——以华南地区为例

1. 居住区园林景观构成解析

居住区由于居住人员的复杂性、多样性，因此，其园林景观的构成应当满则多方人群的需求。此外，其在总体上应具有整体性与系统性，使各类居住人群都能以自身的视角满足自身的景观视觉感受。

（1）景观水体。景观水体是居住区园林景观中特定的公共空间，往往受到很多因素的影响，同时园林景观水体也是居住区所在地块特色集中表现的焦点，居民可以在园林水体中感受居住区所在地域的自然环境、人文环境和历史特色。园林景观水体的设计一般注重场地功能区的合理划分、水岸高差的完美处理、水资源与水景观的有机结合、水岸建筑空间的合理分析，本土文化的现代传承、植物层次的丰富塑造等。

第一，园林景观水体护岸形式。居住区园林景观水体整体宜采用自然式护坡驳岸形式，即通过一些人为的营建方式模拟自然护岸形态，从而达到强度要求与湿地环境要求的和谐统一。自然式驳岸主要包含干抛毛石、立插木桩、木质沉床三种形式，主要采用天然石材、木材护底、以增强堤岸抗洪能力，还能够营造水体植物与生物生长、生活的生境条件。

第二，居住区园林景观水体植物配置。居住区园林景观水体植物配置应自成系统，使水中、水面、水上合理搭配，水边、浅水、深水不同梯度相组合，遵循自然界植物群落结构特点，形成稳定的水体生态系统，同时兼顾水体的净化功能和景观效果。居住区园林景观水体植物配置通常由滨岸乔木、滨岸草木、灌木、挺水植物、浮水植物、沉水植物等构成。

滨岸乔木是主要生长在大部分时间地表无积水但经常土壤饱和或过饱和的地方，如：白蜡、中槐等；滨岸草木、灌木指的是植物根基植于岸中，植物茎叶挺于岸面之上，暴露在空间中，如：马莲、碱蓬、狗尾巴草等；挺水植物是指植物体漂浮于水面之上，其中有一些跟着生在水底沉积物中，如：芦苇、灯芯草等；浮水植物是指植物浮于水上，有些在花期将花伸出水面，如：水浮莲、野菱等；沉水植物是指植物沉入水底，根悬浮于水中，常群居而生，如：狐尾藻、眼子菜等。

（2）景观铺装。景观铺装按照铺装材料的特性可分为硬质铺地、软质铺地与中间型铺地。硬质铺地采用硬质材质如水泥砖、陶瓷砖、石板、鹅卵石等；软质铺地主要指草坪，草坪在地面景观中可形成丰富的构成效果；中间型铺地多指植草砖，主要用于停车场等处，远看如同草坪，却可供行走与停车，是一种极好的铺装形式。

（3）景观绿地。居住区景观绿地即软质景观，是居住区园林景观构成的重要元素。对于有条件的居住区，可通过规划建绿、植树添绿、空中增绿、见缝插绿等方式多方位、多层次建设居住区景观绿地。多渠道拓展城市绿化空间，积极推广屋顶花园、垂直面绿化、人行天桥绿化和生态停车场绿化，强化立交桥护栏绿化和桥体绿化，构建立体化的小区景观绿化。

（4）环境设施景观。居住区园林环境设施兼具实用性与观赏性的特点。不同的居住区园林环境设施可反映不同的空间特质，是居住区园林景观构成的重要元素。不同的居住区具有不同的特质与风格，而且每个居住区内部都要保持其特质的完整性与系统性，在达到完整性与系统性的基础上，在尺度、色彩、质感等方面要达到整体和谐。

第一，小品设计。居住区小品又称为城市户外家具，具有体量小巧、功能简单、造型别致、富有情趣的特点。不同小品和结合环境打造不同的意境。如：引导性园林小品、情节性园林小品和艺术感园林小品，因此设计时要充分把握居住区园林景观的构思主题。从居住区园林小品的形态上来看，雕塑、孤赏石、建筑类和花艺植物小品是最常使用的小品设计形态，通常对居住区言，设计师会结合居住区各类建筑、场地等要素，对各种形态的居住区加以综合应用，进而体现多元的居住区园林景观品位。

第二，休息设施。居住区园林景观休息设施主要包括园林露天凳椅等游憩类小品，通常可结合不同人群的娱乐休息场所布置，或者布置于林荫处、广场内，有利于居住区居民与游览人员使用与观赏。休息设施的材质可结合不同环境，以木材与玻璃钢等为好，简单、舒适、耐用。此外，各种材料可结合使用，其形式可根据不同居住区采取传统、现代等不同风格特质，最根本的是要体现以人为本的设计。因此，桌、椅、凳等休息设施应满足居民对于自身休息娱乐的实用性与舒适性，以提高利用率。

第三，标志、指引设计。标志、指引是居住区园林景观重要的构成要素，也是居住区环境信息传递的主要媒体。居住区标志、指引主要包括社区标志、公用设施（卫生间、停车场、书报亭、快递点等）位置示意、居住区楼宇号、门牌号等。标志、指引的设计可与雕塑、灯具、建筑等设施结合，达到形象生动、色彩鲜明的效果。

（5）景观夜景。以居住区园林景观灯景作为全区的标志，将游人视线引入居住区园林景观的中心，人行道和车行道用不同的颜色灯光勾勒，使得交通更加方便，而色彩的多样性可以较好地烘托不同园区气氛。此外，根据不同的居住区园林水体活动设置水下照明装置，然而，对于居住区内部的湿地滨水区则不设置任何照明装置，以表示对自然规律的尊重。

在夜景照明技术应用方面，宜采用LED光源技术，LED光源的特点包括：①尺寸小、亮度高；②可控性强、色彩丰富；③效率高、坚固耐用、节能环保；④电压低、响应时间短、使用安全；⑤寿命长、经济适用等。总的来说，LED是非常理想且正在普及的新一代光源产品。目前，LED光源技术在园林景观中的应用主要在建筑景观装饰照明与室外景观照明两个方面。

2. 居住区园林景观标准化设计

（1）设计内容。结合园林景观的构成分析，总结园林景观标准化的主要设计内容如下：

第一，地形。园林景观设计中，尤其是华南独特的地理特征，地形常是其景观构成的基础，也是其园林特色搭建的骨架。通过地形处理，可进行空间分配和视线引导，或可解决居住区排水和多样性植配的需求，地形处理对人们视觉欣赏感受和景观结构都有着十分重要的作用。

居住区的地形处理常见的为平地和坡地。平地一般坡度在3%以下，主要考虑景观效果和排水需求，设计小起伏和多面坡，分为0.3%～1%的用于建造广场、或建筑物周围平台的构筑物和坡度在1%～3%的坡地，以供游人散步，并布置各类活动设施；坡地按坡度分为缓坡地、中坡地和陡坡地等，并结合不同比例的植被和工程设施处理，达到丰富的景观效果。

第二，水体。理水也是景观设计的重要组成内容，常见是采用因势利导和山水相映的方法，以在居住区园林景观中呈现动静结合的变化。居住区园林设计中，常常配合运用廊桥、台榭、汀步等工程设施，打造水体的曲直和聚散的变化之感，且水体的进出水口、闸门标高等应满足功能的需求。考虑用户使用功能，汀步和驳岸附近 2.0 米范围内水深应不高于 0.5 米，并设置提醒告示牌；若有护栏，则要考虑兼顾使用安全和景观需要，并满足住户的近水心理。

第三，道路。居住区园林景观中，道路多样化设计的基础仍要先满足其人行道通行的需求。目前，关于道路景观的研究及制定的规范也相对较多，包括阶段要求和细部的处理等。居住区道路的分类是基于通行考虑，包括宅间路、入户路及各类景观路等，设计中需要考虑铺装的方式和材料的选择，景观路则要多一层考虑与相关要素的结合，包括结合地形处理的变化和与水体的接触协调。考虑道路的线性链接特性，端点和沿途的景观处理，是道路景观设计的又一重点。

第四，绿植。居住区景观环境中，植被种类繁多，包括草坪、花卉和乔灌木、藤木等，绿植在构建微公园和居住区小气候，维持生态平衡，改善环境和提供交流场所外，还为居住区景观设计提供重要的美化手段。

居住区景观绿植设计中，需要兼顾绿植作为设计元素的自身特性，如有机性和可生长性，可为环境提供活化自然的感觉。植被在居住区园林景观环境中有视觉和非视觉应用之分，视觉功能应用上也要区分静态和动态观赏空间。静态空间一般设置在人流较为集中和视野开阔区域，利用园林的框景和对景等手法，丰富空间背景的同时提供用户休息的场所；动态空间一般需要结合道路等活行为或导向性设施，考虑曲折和层次、季相变化。

第五，部件。居住区产业化背景下提出的部件概念，是基于传统居住区环境小品而提出的，是兼具多样化和标准可组合的特性，主要包括户外家具和各类设施等。标准化在居住区实施应用中，对于整体风格的选择和把控，部件常常体现在细节上，并有不可或缺的作用。在应用阶段上，构建整体风格下相应的部件类别和尺度，在其采购和施工阶段的使用尤其显得高效。

（2）景观标准模块。标准模块是在标准化的基础上拆解出来的，是对标准化体系的设计要素的提炼，并在景观设计标准化过程中发挥不可或缺的作用。依据拆分的程度和应用的阶段，可将其分为两类：一类包括活动和游泳场地模块、绿地模块和入口景观等大型模

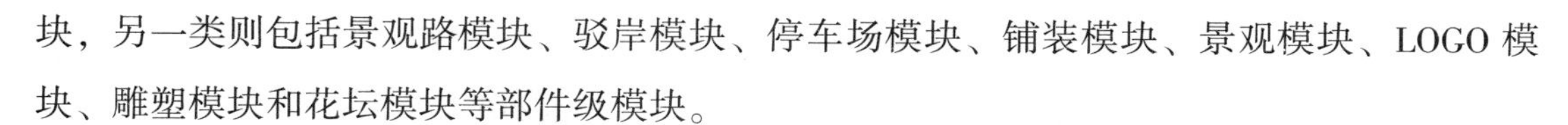

块，另一类则包括景观路模块、驳岸模块、停车场模块、铺装模块、景观模块、LOGO 模块、雕塑模块和花坛模块等部件级模块。

下面按应用阶段介绍：

在方案设计阶段，主要考虑第一类，即大型模块。该系列标准化模块，主要考虑空间的功能组织设计，对居住区品质环境的影响也十分显著，但设计内容较为复杂，需要多专业和部门的协调合作，需要明确重点内容和入口模块、流线组织等详细的设计要求，总结设计要点以确保最终效果。

在施工图设计阶段，则主要包含第二类一系列的景观设计大样式的部件级模块，属于基础的分解板块，具有标准化、小分类和易于组合的特点，并通过软、硬景的多样化拼装，实现部件的预制化、生产的批量化、拼装标准化和组合多样化，达到丰富景观的效果。

（3）景观构造标准图集。居住区景观的形状基底与方案布局具有密切的耦合关系，景观的标准化也不能面面俱到，需要预留一定的非标准化设计空间，供设计师发挥。一般非标准化空间需要预留 30%左右，主要区别于前述研究的标准化模块，该空间的灵活设计，应当结合标准化的成果运用。

（4）其他标准化。通过设计标准化内容、标准模块和构造图集的研究，以为标准化体系的建立奠定了部分基础，但本身标准化作为产业化的前提和分支，完善其体系则仍须将标准化向前和更深层次推进。

各模块的造价预算和实施产出预测；软硬景模块的尺度及材料清单；分类别的模块组装工期；绿植和水体、道路等设计内容的维护周期。这些内容中，部分或处于研究应用阶段，有的还仍在探索阶段，但其必要性和作用却十分显著，可以极大地减少居住区景观设计和施工工作量，降低了采购成本和工期时间，提高了之后的招标和设计施工效率，并使得居住区园林景观的效果得到长久保持和发展。

（5）景观产品定位。传统开发商多是根据总体潮流，推进流行风格的使用，在景观布置、材料选择上往往出现矛盾，而根据居住区的景观环境定位应当打造全年龄覆盖的生活配套设施，阳光的户外活动交流场地和自然本土化的园林景观。

部分知名地产商在居住区景观价值的理解偏颇，具体如下：

第一，星河湾式景观。地形处理复杂，欧式园林风格，但缺乏无障碍通行设计，且由于对环境改造和维护成本的增加，导致物业分摊费用较高，且观赏性的水景和地形，占据较大面积，不经济的同时也有着安全隐患。

第二，龙湖式居住区景观。实行示范区与非示范区差异化设计，由此必然导致住户的心理落差，常常过于追求建设速度，忽视绿植的成长空间，并由于缺乏维护，后期景观效果往往不佳，较为忽视老年人和小孩的使用需求，活动场地和设施较为缺乏。

第三，恒大式居住区景观。恒大御景式居住区显著的特点都是人工湖。观赏效果虽好，但住户需求考虑不足，并无形中增加了大量的维修成本。

其实，随着行业竞争的升级，对景观的定位也不再单单是住宅配套的产品，开发商为迎合和吸引用户，注意力也开始转向住户的多样性需求和景观环境品质的提升，树立企业集团的责任心和使命感。企业的文化应当作用于居住区的景观设计标准化应用中，探索出适合自身的景观标准化产品，并研究可在行业内通用的景观标准设计导则，并以此制定相应的实施规范和标准化图集。

3. 居住区园林景观标准化的应用

“随着人们对精神需求的不断关注，对于现今城市住宅小区而言，开发商更加注重其中对园林景观的设计。”① 房地产行业参与主体多、生产过程多、相关要素多，项目开发的全过程都需要在科学、合理的管理下进行，这决定了房地产行业的未来。居住区园林景观标准化在地产开发过程中的应用能提高开发效率、降低成本，是房地产企业面对严峻的形势的有效举措。

开发过程中不同阶段标准化园林景观设计都有相应的措施，以下就不同开发阶段进行分析：

（1）项目立项阶段——项目定位及景观建造标准制定。客户定位决定了房地产企业对于产品的定位，在此基础上确定产品定位后，便可对景观定位和景观配置进行设计要求。景观成本、景观定位、景观配置三者相互影响，相互制约，其平衡点可最大化实现景观价值。

第一，景观成本应结合景观定位。产品的档次决定了景观品质的档次，在景观产品的成本预算中应充分结合产品的定位。在合理的成本控制之下，又引出了另一个问题：如何划分费用，对成本的划分应考虑三个方面的问题：硬景配置内容、软景配置内容以及二者的配比。

通过软硬景造价可知相同面积的硬景要比软景费用大很多。一般来说，硬景所占比例越大，景观成本越高。根据成本预算，应相应地合理安排软硬景的比例，以便控制成本。

---

① 熊文豪：《城市居住区中人性化园林景观设计原则及策略》，载《美与时代（城市版）》2021 年 2 期，第 52 页。

第二，景观配置应结合客户需求。景观配置标准应对不同客户来进行细分，针对不同业主的居住区进行不同的景观配置标准。虽然景观配置会受多方面的影响，但一般来说，可以从场地设计要素和服务半径及配套面积两个方面进行控制。

场地设计要素：客户对不同功能的景观的关注度有差别，可以根据客户关注度进行有针对性的景观功能配置。此做法注重客户需求，可更加满足客户的功能需求。

服务半径及配套面积：居住区中的景观配置多结合各类活动场地，配置过程中应类比活动场地充分考虑服务半径，否则会影响景观的使用效率。一般来说，居民可接受的步行距离为成人 250 米、老人 200 米、儿童 50 米。根据步行距离，可有针对性地布置半径明确的各类活动场地。

景观类活动场地配套标准中，建议按照老人、儿童 $0.25m^2$，运动场地 $1.1m^2$ 的标准进行配置。当居住区规模小于 500 户时，可在此标准的基础上适当增加。

第三，景观成本控制原则。景观设计中应在保证良好的景观效果的前提之下控制景观成本，可以从三个方面控制成本：①软硬景比例，软景：硬景 = 7：3；②低造价的景观面积，硬景非石材、灌木、草坪面积应≥50%绿地面积；③大乔木数量，景观设计中应当根据项目基地的不同条件，对行道树的规格和种植间距进行合理选择。

（2）概念设计阶段——控制主要公共空间和景观轴线的布局。概念设计阶段应优先布局对整体空间有重大影响的要素——主要公用空间和景观轴线。

人群主要交流会集和老年人的活动场地应当沿商业街两侧布局，儿童的活动场地则相应的采取组团式布局；对于大型场地沿景观轴集中布局，儿童场地以组团为单位布局；大型场地应结合会所和滨河绿化的重要景观带布置，儿童场地分散布置；为便于交流和使用，所有室内外活动场地沿主要人行系统展开布局。

（3）方案设计阶段——重要景观的模块设计。方案设计阶段应就重要的景观节点进行重点设计，包括小区入口、社区景观配套、绿化等内容。

第一，小区入口。作为居住区的门户空间，小区入口是展示小区品质和特色的关键节点。应表达的信息包括：居住区品质、客户人群、小区规模、产品特色。入口的设计内容应包括：引导空间、大门设计、入口对景设计、车行流线设计、人行流线设计、整体绿化、项目 LOGO、灯光效果等。

第二，社区景观配套。根据业主的实际需求，景观配置主要包括：活动配套场地（主要关注：儿童活动、老人活动、运动场地、泳池）、架空层、会所配套内容。

第三，绿化。绿化的品质在很大程度上影响居住区的整体品质和业主对居住区的归属感。绿化的设计应重点关注的内容包括：绿化的可识别性、灌木和小乔木的搭配。

（4）施工图设计阶段——景观标准模块的应用。

第一，儿童场地标准配置。儿童活动场地的设计应充分考虑幼儿的行为活动规律，一般应设置大型综合场地，并进行绿化设计，使活动场地具有较好的景观。

第二，泳池平面布置标准。泳池设计在考虑用户特点和使用需求，及其自身功能上应符合规范、便于维护和管理，安全性是其设计考虑的根本因素，在此基础上注重美观。对基本泳池模块进行设计，方便方案设计中直接套用。

（5）施工阶段——生产环节的标准化。施工单位施工过程决定着景观的最终效果，标准化在景观工程施工阶段的工作主要体现在施工工艺标准化和采购流程化两个方面。

第一，施工工艺标准化。房地产产品的特性和所用的生产工艺技术，往往决定了生产过程的标准化，这些技术同时也决定了最终效果，所以过程模块化要涉及对产品特性和生产工艺技术的研究。在生产过程中，软景的施工对于实际效果影响很大，贯彻该类标准化流程对最终效果的意义重大。

第二，采购流程化。采购流程化的关注重点为供货来源、合作方式和价格三个方面。随着竞争激烈白热化发展，并伴随着产业规模的不断扩大，对成本降低要求的不断提高，寻求性价比高的供应商是房地产开发商的共识。与此同时，供应商为获得大型开发商的青睐，他们之间的竞争不断加大和升级，为了紧密与核心企业间的关系，获得更多的业务，必须不断地提高竞争力，包括缩短供货周期、改善供货质量、降低成本等。而许多供应商在供应链上的竞争的升级往往通过核心企业通过模块整合后的终端产品的提升而使竞争力增强，从而形成一种良性循环，实现整个房地产供应链上参与各方的双赢。

4. 居住区园林景观标准化体系

（1）居住区产品线开始的景观标准化。在居住区景观标准化的初始阶段，国内较大的地产商如万科、恒大等由于自身的地产资源优势，已经形成各自的居住区景观标准化思路。不过，在居住区景观标准化的初始阶段，其主要目标是通过与地产项目的定位整合考虑，得以形成确切的景观风格、地产成本等一系列内容，实际上的工作内容为重要景观节点管控。

以国内较大地产开发商为例，万科利用其地产资源，结合其四季花城系列、自然人文系列、城市花园系列、金色系列等产品线路，得以规范其地产居住区内部景观特有风格等；恒大地产则以其居住区产品线为出发点，将成本压缩作为其居住区景观标准化的要点，并将居住区景观的成本细化，依据特有的方式进行分类控制；此外，对于龙湖地产来说，因其地产类型以高档住宅如别墅、洋房等为主，所以地产产品同质化程度较高，对于其居住区内部景观来说，重复性也相对与其他开发多样性的地产较高。以下就以景观设计同质化程度较高的龙湖地产为对象，针对重要景观节点管控来说明居住区产品线开始的景观标准化体系如何设计进行分析。

历来被外界统称为别墅专家的龙湖地产在市场运作方面始终坚持标准投资、持续创新、统领市场的做法，尤其是创新方面，始终是龙湖地产给外界最鲜明的特质。然而，在龙湖地产的实际操作进程中，这个给外界最为鲜明的特质却并不被提倡，尤其是对地产产品的设计来说，有着极其严格的规划与控制，要求90%的标准化产品，自行创新不得超过10%。龙湖地产在其标准化体系控制的道路前进过程中，并没有一味地提倡简单的创新与标准化，而是在两者结合继承发展的同时因时、因地制宜，始终不断地提高自身的地产产品吸引力。

第一，居住区主入口景观标准化因子控制。居住区入口景观如若需要进行标准化因子的控制，则须针对硬质景观、软质景观与建筑等，因龙湖的高档地产项目如别墅、洋房等多数提倡地中海风格，所以居住区入口的门卫亭岗、地产产品LOGO与背景墙饰等，皆可采用标准化景观因子控制。然而，在实际运作过程中，由于景观布置具有其特有的地域性与时效性，因此也须进行相应的调整。例如，居住区内部人行、车行道路在宽窄尺度、施工材料管控方面应规范化处理；从软质景观的铺设来说，以塑造多层次、多角度的绿化处理效果为目的，龙湖集团的多数地产项目通过栽植因时、因地制宜的树种，使其多样化植被的有机组合来塑造得体、大气的地产项目入口景观。

第二，居住区会所景观标准化因子控制。龙湖地产主要以高档居住区，如别墅、洋房等为主，其居住区核心景观通常布置于入口与会所两个地方。龙湖地产利用其资源优势，根据不同地产项目的建设规模与项目定位，目前已塑造了五个在全国范围内下属建筑工程项目反复使用的居住区、会所建筑标准化模块。此外，龙湖地产的居住区景观布置也走上了标准化道路，以龙湖地产中香醍漫步、蔚澜香醍两个项目的会所入口为例，虽然两个地产项目前部景观广场的规模与尺度不一，在软质景观的配置组合方面却不约而同地利用景观树种与时令花卉的组合方式，再加上简单而不单调的景观绿化处理，达到以景衬城的最终效果。

第三，居住区水体景观系统标准化因子控制。居住区园林内部的水体景观一般是整体景观投资最高的地方，然而其在居住区景观中的地位也是最高，最具影响效果。对于龙湖地产来说，其地产居住区项目的内部，人工湖、人工溪流、泳池等是最常用的几种水体景观营造方式。由于高档地产项目通常注重其私密效果，因而龙湖地产项目的景观氛围主要以原生性处理为目标，通过利用与高耸挺拔的乔木与多样化的亲水性低矮植被结合水面布置水体绿化景观，加上均匀分布的自然状石块与景观性小品的处理方式来实现。然而，这种处理方式却需要极其娴熟的居住区园林水体景观处理技艺，也需要大量的实践经验，加上其施工速度通常难以加快，因而从水体景观标准化处理的方面来说，不可能做到水体景观的完全复制，要求达到神似的程度即可。要达到这种程度，仅须通过各类软质景观的合理配置即可实现居住区园林水体景观的标准化。

第四，居住区组团及宅间绿化标准化因子控制。对于龙湖地产来说，高档居住区当中，一般利用小型景观精巧细致的搭配处理、点缀其中来进行别墅、洋房建筑与建筑之间的景观塑造，通常并不布置大型的景观，如：大型水体景观、大型中心广场等。在居住区中的组团与宅间绿化处理中，最注重其私密性与舒适性的规范化尺度。居住区中的组团道路绿化两侧一般通过自然状的人工堆砌、多样化植被的组合来塑造悠远宁静的氛围，景观道路的绿化铺装、材质、蜿蜒曲折均显同步；对于宅间绿化配置来说，以高耸挺拔的树植、时令花卉等组合配置，宅间道路的沿途景观小品也可标准化处理，但须以软质景观的配置程度控制与硬质景观的标准模式化的方式来体现。

（2）关注细节和产品品质——景观设计管控的标准化。细节在当今越发激烈的市场竞争中非常重要，提升产品质量，重视产品细节是在众多地产市场中凸显自身的制胜法宝，逐渐成为各处开发商共同努力的方向。基于此，在居住区园林景观标准化的设计阶段，居住区园林景观设计管理的流程化和居住区园林现场景观的施工管理是标准化的重要内容。

第一，居住区园林景观设计管理的流程化。在居住区园林景观设计过程中，要想保证最终园林景观质量的根本要求，设计流程管控可以说是最直接、最有效的方法。在实际操作过程中，如何在规定的时限内达到优良的景观设计目标、控制施工单位的工作内容、指导施工工程的顺利进展，是各大地产商居住区园林景观设计管理的工作要点，因此可通过简化、整合景观设计管理流程，通过对其工作要点进行规定是居住区园林景观设计管理的流程化的重点内容。

居住区园林景观施工质量控制流程包括：①《施工组织设计》《施工方案》的审批；②日常施工质量控制；③整改情况验收。

居住区园林景观施工进度控制流程包括：①《工程施工总进度计划》的编制与报批；②对施工单位的进度计划进行审批；③进度计划的实施和监督；④进度计划的调整。

第二，现场景观的施工管理。软质景观、硬质景观的管控是居住区园林景观现场施工

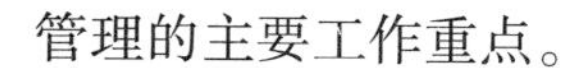

管理的主要工作重点。

施工过程中的细节问题是硬质景观标准化设计的重点，龙湖地产设定了相关的标准，进行详细的规定控制，具体包括：①施工顺序衔接；②道路铺装细部；③楼梯踏步；④不同材质交接部位；⑤广场铺装细部；⑥弧形铺装；⑦挡墙铺贴。

相对于硬质景观，软质景观由于自然生物具有特有的地域性与时效性，因此无法构成标准模块的产品链。因而对于软质景观来说，树种的选择和养护可作为软景标准化的重点。

（3）关注成本控制——硬景部件标准化。在维持既有产品质量的基础上节约成本、控制资本是居住区园林景观标准化的重要方面。一般来说，历来只要涉及节约成本、控制资本，通常会采用开源、节流两种方式，那么对于居住区园林景观标准化控制来说，其主要的内容主要在于：①通过居住区园林景观标准化部件的推广来减短设计工期；②通过居住区园林景观标准化部件的展开来获取产品部件采买的优惠。

在实际的操作进程中，雕塑、凳椅、标志物等部分部件标准化控制之后，由于同质化程度较高，因而在部件采买中，可尝试采用统一采购，减低部件成本，实现节约成本、控制资本的目标。

针对硬景部件标准化的实践进展，主要进行硬件部件如雕塑、园林栏杆、凳椅等的标准化。分析栏杆设施表和居住区道路，其利用自身的项目资源优势，结合既有项目的设计方案与实施状况，针对部件用途、材料组合配置、已建成区域及可改进的地段都一一进行归纳总结，为后续项目产品的推广提供参考。

第四节　酒店环境与屋顶花园景观设计

一、酒店环境设计

酒店，是以夜为时间单位，向客人提供配有餐饮及相关服务的住宿设施，也称宾馆、饭店、旅馆、度假村、俱乐部、会所等。酒店按经营性质的不同，可以分为商务型、度假型、会议型、观光型、经济型、连锁型、公寓型、青年旅社等不同类型的酒店；按星级划分，可分1~5星等不同级别的酒店，星级越多，级别越高；按房间数量及规模，可分为小型酒店（客房数量300间以下），中型酒店（客房数量300~600间），大型酒店（客房数量 600 间以上)。

随着经济的发展,人们生活水平的不断提高,酒店日益成为商务、休闲、娱乐、度假等多功能的综合载体,顾客能在酒店的环境氛围和文化附加值中得到成就感的满足和自我价值的实现。酒店的功能,既要满足客人在酒店内的食、宿、娱、购、行等各种行为需求,又能为酒店经营管理提供服务。因此,酒店一般分为三个主要功能区:公共功能区、客房功能区和内部管理功能区。公共功能区包括公共活动区、餐饮区、会议和展览区、健身娱乐区、商务中心及其他营业性设施;客房功能区主要是提供客人住宿的场所,包括单间、标间、套房等;内部管理功能区包括行政办公、员工生活区、机房及后勤维护管理等。

酒店环境,是酒店内部的公共空间环境及酒店外围的自然环境。酒店环境是客人交通集散、休闲娱乐、观赏游览的重要场所,是酒店建筑与自然景观相互渗透和融合的媒介,可以反映出酒店独有的特征和品位。因此,酒店环境是酒店建设的重要内容,是酒店等级和档次定位的重要物质条件。酒店价值的提升,最有效的和直观的途径便是景观环境的塑造。酒店环境设计如下:

(一) 入口景观设计

"酒店入口空间是酒店对外主要的接合部,不仅具有迎送客人、展现酒店气质的作用,同时还具有协调酒店建筑与城市空间的功能。因此,酒店入口景观设计显得尤为重要。"①

客人抵达酒店时,首先看到的是酒店入口部分,入口景观的效果直接影响着客人对于酒店的整体感觉,因此,入口对于酒店来说,不仅是供客人进出的通道,更是一种酒店形象的展示,是整个公共空间序列的开始。入口景观设计应充分考虑以下功能:

第一,交通功能。酒店入口的基本功能首先应满足交通的要求,能有效组织各种不同的人流、车流,避免客人、车与服务流线之间的相互干扰,提高酒店的管理效率。

第二,标志功能。酒店入口处应有明显的标志,如:应有明显的酒店名字(标志)、交通标志、出入口、问询处等,有利于人流疏散及体现出人文的关怀。标志不但要与周围环境相结合,还能够反映出酒店的主题风格和地域特色,以一种亲和力和欢迎者的姿态迎接客人的到来。

第三,引导功能。入口是酒店内外空间衔接、过渡地带,入口景观能使人产生直接的

---

① 黄恒毅:《上海五星级商务酒店入口景观评价研究》,上海交通大学 2016 年。

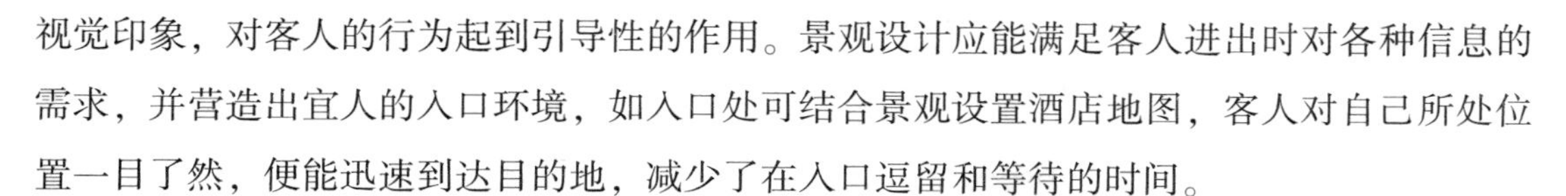

视觉印象，对客人的行为起到引导性的作用。景观设计应能满足客人进出时对各种信息的需求，并营造出宜人的入口环境，如入口处可结合景观设置酒店地图，客人对自己所处位置一目了然，便能迅速到达目的地，减少了在入口逗留和等待的时间。

第四，文化功能。入口景观的文化营造，应与酒店的主题风格、特征一致的，也可结合当地的自然、人文环境，表达当地的民族风情，反映出酒店的地域性。

（二）大堂景观设计

大堂是酒店的中心，满足接待、登记、交通组织、休憩等候等多种基本功能。大堂连接着门厅、前台接待、中庭、大堂休息区、大堂吧，以及零售场所等相关公共设施，形成一个综合性空间。因此，大堂的景观设计，应重点考虑交通集散、休息接待、控制管理和文化展示等内容，形式以装饰、美化为主，突出酒店特色和文化品位。

（三）中庭景观设计

中庭，指酒店建筑内部或之间的多层共享空间。中庭能营造出酒店空间大尺度的气势，给人以豪华、大方、气派的印象；中庭中的自然景观，增强了室内外空间的联系，调节室内微环境，对改善室内气候环境起着重要作用；中庭空间既是交通空间，又具有休闲的功能，如：在其中可休息、娱乐、交流、观光，甚至举行酒会、舞会或音乐会等活动；中庭还是酒店风格、特色、文化展示的场所，通过中庭的景观、小品、装饰材料等内容，展现出酒店的地域性和文化性。中庭景观设计，应结合这些功能，进行有目的性的设计。

1. 景观环境设计

景观是酒店中庭的重要构成要素，弥补了建筑中自然要素的不足，满足人们接近自然、享受自然的要求。中庭将阳光、空气、雨水等自然要素引入室内，在室内创造出自然的风景，使人们虽处室内，却可享受自然气息。同时，中庭提供的良好采光，与植物叶片、枝干形成的自然的光影，增加了建筑的活力和节奏。酒店中庭的园林景观不仅可以带给人们美的享受、自然与建筑的结合，更能通过植物的生态功能，调节室内的温度、湿度、滞尘、吸收噪声、改善空气质量等，保证室内空间环境质量的安全和健康。

2. 休闲场所设计

酒店的中庭是酒店公共空间的中心，是客人公共活动的聚集中心和共享空间。客人在酒店封闭的环境中，情感会受到压抑及缺乏沟通，而中庭明亮的光线、洁净的空气、幽雅的气氛，却可以更好地促进客人会集到此，进行活动，休息、交往。因此，中庭景观的设计，应使其环境光线充足、自然、气氛安静；空间允许的条件下，还可设置咖啡座或餐饮设施，客人可以一边闲聊、一边品茶或咖啡、一边欣赏室内外美好的景色；中庭中心或其他重要位置，可适当设置小型表演台，进行独奏或演奏，营造幽雅的环境氛围，创造一个适宜交往、放松心情、缓解压力的环境。

3. 交通动线设计

中庭一般与大堂相连，是酒店大堂的延伸，是接待服务的空间，也是重要的交通枢纽，通过竖向的楼梯、电梯、观景电梯，与酒店的其他空间进行联系与沟通，发挥着空间组织者的作用。中庭空间景观设计时，应将交通流线、客人流线、服务流线、物品流线等进行有序组织安排，使各服务设施的布局与交通流线科学、合理，形成不同的空间层次和景观。

4. 文化氛围营造

中庭空间作为酒店的重要组成部分，利用建筑的符号、空间的塑造、景观的设计，充分体现出酒店所在的地域风情、人文内涵、现代的气息，增加酒店的个性和特色。如：北京饭店的“四季厅”具有浓烈的中国风情和乡土特色，中国古代建筑与传统园林造园艺术均在其中有非常和谐的体现和融合；广州白天鹅酒店的中庭景观起名“故乡水”，使入住酒店的归国游子体会到了浓浓的乡情，又向国际友人展示了中国园林的魅力和造园手法的精湛。

总之，中庭是酒店的重要组成部分，通过对其功能性的把握，景观设计可以创造出更有特色、更富灵性、更具美感的酒店环境景观。

（四）廊道景观设计

廊道是酒店中联系各功能空间、公共服务区域与客房之间的交通联系空间，包括各种通道、走廊、连廊等。廊道的作用除满足客人交通、物流和服务等基本功能外，还是客人散步、休憩和浏览主题风景的场所，是联系室内外环境的媒介，是酒店中一种线性的交通休闲空间。廊道景观的设计，应注意以下内容：

1. 景观的连续性

线性景观设计中，应注意各个空间中景观的连贯、递进或变化，即在景观的表现形式、文化内涵、要素设置等内容上，各空间之间应具有一定的联系，给人感觉是一个景观整体，同时应有一定的变化，避免单调，如：有四季景观的变化、色彩的变化、时间的递进等。

2. 静观式

客人在廊道的行走、散步或休闲，一般以静观式为主，较少参与，但观赏角度不断变化。因此，景观设计中，应以展示性的静观园林为主，如：中国的假山瀑布、日式枯山水、欧洲装饰式园林等。在廊道中，有意识地设计观景平台、景窗、亲水空间等，将最具观赏价值的一面展示出来。

3. 文化展示

客人在廊道中穿行，为避免单调，往往在廊道中进行适当的文化展示，如：根据酒店的特色、主题、风格等，结合庭院空间、室内装饰、景观小品、景窗、字画、插花等内容，使廊道景观引人入胜、流连忘返。

（五）露台与阳台景观设计

露台与阳台是酒店建筑内部空间与外部环境之间的一种过渡性空间，是公共空间向自然环境的延伸。露台和阳台的区别为是否具有永久性顶盖，没有顶盖的为露台，有顶盖的为阳台。露台与阳台景观设计应注意以下方面：

1. 空间的功能定位

酒店露台与阳台的景观设计，应根据酒店的功能、周围环境、客人类型，对其功能进行准确的定位，若以休闲度假为主的酒店，则应为客人提供更多的休闲空间，以利客人休闲、交谈、读书、晒太阳等活动；若周边环境景观较好，则应提供观景的空间与设施。

2. 室内外空间的渗透

酒店中露台与阳台的位置，可以是大堂空间向外部环境的延伸，也可以是走廊外侧的扩充部分，或客房向外悬挑的阳台等，这些空间能够增加室内外空间的层次，特别是面积较大屋顶平台，建设成屋顶花园，可以给人生机勃勃之感，为客人提供绿色的自然环境，是呼吸新鲜空气、沐浴阳光的理想场所，同时弱化了建筑的体量感，使室内外空间相互渗透、建筑与环境融为一体。

3. 增大观景视野

露台与阳台的设置与设计，应能为客人提供最佳的欣赏角度和更为宽广的视野，特别是一些朝向主要景观的露台或阳台，可以欣赏到极佳的景色，如临海酒店，面海的阳台一定要设置观景空间，给喜欢大海的客人更多接触自然、欣赏海景的机会。同时，对建筑与室外景观的交接起调节的作用，这是提升酒店档次，吸引客人的一个重要因素。

4. 生态功能的考虑

露台和阳台上的绿色植物、土壤具有优良的隔热、保温的作用；屋顶花园的蓄水池，接纳自然降水，可综合利用的水资源，实现水资源的循环利用，减小对环境的破坏。因此，在景观设计时，应充分考虑生态功能的充分应用与发挥。

（六）外围环境景观设计

现代酒店设计的突出特点，就是不仅注重内部环境的营造，更注重外围自然环境的美化，特别是休闲度假酒店，优美的外围环境为旅客提供了漫步、休闲的去处，创造一个优雅、宽松、自然的环境，符合度假客人要求回归自然的心境。外围环境景观设计要重点考虑以下内容：

1. 植物配置

植物是酒店外围环境绿化的主题，不仅起到保持和改善环境、满足功能的要求，而且还起到美化环境、满足人们游憩的要求。外围生态环境面积较大，植物配置应以生态园林的理论为依据，模拟自然生态环境，利用植物生理、生态指标及园林美学原理进行植物配置，让植物景观生态、自然、具有可持续性。同时，让客人在不知不觉中感悟到自然的变化，有景可观、充满生机和情趣，形成一个具有良好的游憩、休闲的绿色环境空间。

植物配置应以营造酒店景观特色为主，主景植物可以成片集中种植，形成当下季节具有鲜明特色的景观，增加酒店的价值，如：樱花、玉兰、银杏等；配景植物以营造背景和强调四季景观的变化，形成环境氛围。

2. 休闲空间的设置

对于入住酒店的旅客，加上旅途的疲劳，更加需要轻松的休闲空间让其得到身心的放松。因此，休闲空间对于酒店显得日益重要，在此不仅可以放松身心，还能感受酒店文化。休闲空间包括散步道、休闲广场、亭廊、花架、亲水平台、SPA 亭、休闲咖啡座、水吧等，适当地点缀和设置在外围环境中，可以使客人在闲暇时间里也能亲近大自然，得到很好的休闲。

3. 酒店外围水景设计

水在酒店外围环境设计中非常重要，是景观中的精华和灵魂，如：溪流、瀑布、泳池、涌泉、自然水池、无边际水池等，都是环境中的焦点，特别是将水景的功能性与景观性完美地结合起来（如：可与儿童戏水池、泳池、按摩池、SPA 池等结合），形成优美的

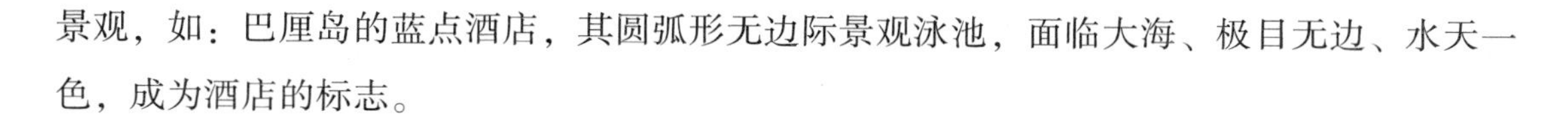
景观，如：巴厘岛的蓝点酒店，其圆弧形无边际景观泳池，面临大海、极目无边、水天一色，成为酒店的标志。

二、屋顶花园景观设计

随着城市化进程的加快，建筑用地紧张，人口密集区不断增加，人类生存环境日益恶化。由于定居、建设所带来的负面生态效应，使人们不得不充分、合理地利用有限的生存空间，尽一切可能改善和改变自己的生活环境，使之更为理想和符合自身的要求。建筑的屋顶、阳台、露台、拐角、建筑内部的零星空间等，不论面积大小，人们都千方百计将其营建为屋顶花园、休闲场所、生态绿岛等，以期融入自然、改善环境、提高生活质量。

"随着城市的发展，土地资源越来越匮乏，屋顶花园的出现能够适当缓解城市的压力，增加城市绿视率。"① 屋顶花园是指在建筑物、构筑物的屋顶、露台、天台、阳台等空间内，进行绿化、装饰及所造花园的总称，也叫屋顶绿化、立体绿化、第五立面绿化等。屋顶花园与地面造园（种植）的最大区别在于：植物种植于人工的建筑物或者构筑物之上，种植土壤与大地土壤没有垂直相连；空间布局受到建筑固有平面的限制，屋顶平面多为规则、狭窄、面积较小的平面，景观设计和植物选配受到建筑结构、给排水的制约。因此，屋顶花园与地面造园相比，难度大、限制多，还应与建筑设计、建筑构造、建筑结构、水电等多工种进行协调与配合。

（一）屋顶花园的功能

1. 营造良好的环境

在城市用地日益缺乏的今天，城市居民所拥有的公共绿化面积越来越少，屋顶花园作为一种园林绿化形式，使周围环境充满生机，给予人们审美上的享受，使人们避开喧嚷的街市或劳累的工作环境，在宁静安逸的气氛中得到休息和调整，使紧张疲劳的神经系统得到一定的缓和。因此，屋顶花园为城市居民开辟了一个绿色的空间，为人们的生活和工作创造良好的生态环境，让人们有更多的地方去享受绿色、享受阳光、呼吸新鲜空气。

2. 改善生态环境

近年来，随着经济的发展，工业污染加重、机动车尾气排放日增，城市小气候环境恶劣，市区内热岛效应明显、空气中悬浮物增多，严重影响了城市居民的正常生活和身体健

① 李阳杨、魏雨晴、魏松杉等：《屋顶花园生态景观优化——以扬州市为例》，载《现代园艺》2022年45期，第85页。

康。通过营造屋顶花园，可以在局部小环境内降低温度，减少太阳辐射，增加空间湿度，改善生态环境。

3. 保护建筑构造层

屋顶构造的破坏，大多是由于温度变化引起膨胀或收缩，使建筑物出现裂缝，导致雨水的渗入。屋顶花园种植层或水面，使屋顶与大气隔离开，减小了由于温度剧变而产生裂缝的可能性，并使屋顶免于太阳光的直射，延长了各种密封材料的老化时间，增加了屋面的使用寿命。因此，屋顶花园不仅能保护建筑构造层，而且还可以延长其寿命。

4. 丰富城市立体景观

屋顶花园作为城市中的一道风景，既能有效节约城市园林绿化空间，又能丰富城市园林景观，是城市景观的一个重要窗口及城市园林绿化的有益补充。通过屋顶花园的建设，可以很好地协调城市与环境的关系，使绿色植物与建筑有机结合，装点城市景观，使身居高层或登高远眺的人们，感觉到如同置身于绿化环抱的自然美景之中，充实了城市的绿色景观体系。

（二）屋顶花园的类型

屋顶花园的类型，从不同的角度有不同的划分方法，如：按建筑空间分布分类，分为主体建筑屋顶、裙楼建筑屋顶、地下（半地下）建筑屋顶、阳台和露台、内部中庭等；按景观风格，分古典风格（中式、日式、欧式等）、现代风格、混合风格等；按使用功能，分公共型、商业型、家庭型、科研型、绿化性、观赏型等。屋顶花园设计中，主要依据服务对象、使用功能的不同而进行不同的设计。因此，类型的划分多以使用功能为主。

1. 公共型屋顶花园

公共型屋顶花园多建在居住区、商业区、公共建筑、单位办公楼、写字楼的屋顶或其内部的公共空间内，除具有绿化环境效益外，主要是给公众提供一个集休闲、聚会、娱乐、健身为一体的公共场所。在设计中，应考虑出入口、园路、建筑、植物、小品等内容的设置，满足人们在屋顶花园内的使用需求，如：园路宽敞、有适当面积的铺装广场、设置座椅及小型的园林小品点缀等。

2. 商业型屋顶花园

商业型屋顶花园主要是大型商场、宾馆、酒店建筑的屋顶花园和其内部的中庭花园。商业型屋顶花园以营利为主要目的，花园设计除优美的景观外，还须设置商业活动的场

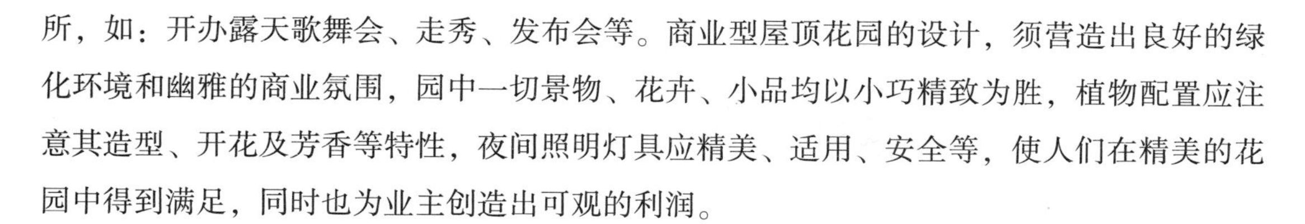

所，如：开办露天歌舞会、走秀、发布会等。商业型屋顶花园的设计，须营造出良好的绿化环境和幽雅的商业氛围，园中一切景物、花卉、小品均以小巧精致为胜，植物配置应注意其造型、开花及芳香等特性，夜间照明灯具应精美、适用、安全等，使人们在精美的花园中得到满足，同时也为业主创造出可观的利润。

3. 家庭型屋顶花园

家庭型屋顶花园，主要指别墅、多层住宅、阶梯式住宅公寓或其他住宅屋顶的私家花园，一般面积较小，$10\sim50m^2$。家庭型屋顶花园的设计，一般以植物配置为主，适当设置休闲铺装、桌凳、亭廊、水景、小品等，但应充分考虑业主对花园的要求，如：设置花圃、菜地、种植园、儿童游乐场所和玩具、阳光泡池、健身器材等，将业主的偏好、品位、理想融入花园设计中。

4. 科研生产型屋顶花园

以科研生产为目的的屋顶花园，如：科研院所、大专院校在屋顶花园上，进行植物栽培实验（如：观赏植物、瓜果、油料作物、蔬菜等）、品种培育、引种进化、生产等，研究不同基质、无土栽培对植物生长的影响，屋顶花园对建筑节能减排、雨水的净化循环效果等。科研生产型屋顶花园设计，除满足科研需要外，设计应主要考虑科普、考察路线的设置、周围环境的绿化等。

5. 绿化与观赏型屋顶花园

绿化与观赏型屋顶花园指以绿化和观赏为主要目的的屋顶花园，观众的参与性较少或限制进入花园。花园设计以保护屋顶结构绿化为主，或以俯瞰效果为主，一般用色彩鲜艳、低矮的植物和铺地组成对比强烈的图案，突出效果，具有强烈的装饰性。

（三）屋顶花园景观

1. 性质与定位

屋顶花园的性质，一般由建筑性质而定，如：公共型屋顶花园，多建于公共建筑的顶部，服务于大众；私人屋顶花园，多建于私人建筑内，服务于特定的人群。因此，屋顶花园的性质，决定了服务对象和花园定位，也决定了设计的内容、形式和设施。

2. 功能与空间布局

不论屋顶花园的性质如何，其服务对象都是人，功能必须满足人在花园中的各种行为、心理的需求。屋顶花园的功能一般包括入口景观区、休闲娱乐区、生态景观区及其他功能区。

（1）入口景观区。进入屋顶花园入口前、后的空间区域，利用景观设计手段，如：空间界面的变化、焦点景观、材质的变化等，将入口景观标志出来，使入园者意识到入口景观的存在，产生领域感。

（2）休闲娱乐区。屋顶花园主要的公共空间，根据服务对象、人流量的大小，设计一个或几个系列空间，提供各种自发性或社交性活动，如：休闲娱乐、小型聚会、社交活动、儿童娱乐、运动健身、聊天交谈、野餐、观景，或其他特殊服务活动等。

（3）生态景观区。生态景观区为屋顶花园生态绿化区，绿化率应达到50%以上，以植物配置为主，适当点缀休闲亭廊、水景、景观小品等。

（4）其他功能区。其他功能区以生产、科研、绿化、观赏等为主，具有某种特定功能的分区。

3. 景观要素设计

（1）植物。植物在屋顶花园中占有50%以上的比例，是屋顶花园的主体。由于屋顶特殊的立地条件，屋顶花园植物的选择标准应具备相关特性：①根系较浅，易移植成活；②能忍受干燥、潮湿积水、抗屋顶大风；③耐修剪、生长缓慢；④具有抵抗极端气候的能力；⑤抗污染且观赏价值高的常绿植物；⑥尽量选用乡土植物，乡土植物对当地的气候有高度的适应性，在环境相对恶劣的屋顶花园，选用乡土植物易成活，及便于后期管理维护。

同时，屋顶花园的设计中，对较大规格的乔灌木要进行特殊的抗风加固处理，常用的方法包括：①在树木根部土层下埋塑料网以扩大根系固土作用；②在树木根部，结合自然地形置石，加强根系压固；③将树木主干组合，绑扎支撑，并注意尽量使用拉杆组成三角形结点进行固定。

（2）水体设计。屋顶花园水景，因受到场地承重和面积限制，通常建成浅水系列的景观水池，应少而精，与周围环境和谐，成为屋顶花园的主景、景观焦点、视觉中心等。屋顶花园水体设计应注意：①水池负荷与建筑承重结构的关系；②水池的防水、防潮性设计；③给排水管线、设施的隐蔽性、安全性设计；④水景与地面排水、灯光照明相结合；⑤寒冷地区考虑结冰、防冻、热胀冷缩的关系；⑥水景的循环与后期维护管理。

（3）山石设计。由于屋顶面积有限，又受到承重限制，所以屋顶花园一般不建造大体量的假山，多数设置以观赏为主、体量较小的精美置石，也可采用孤置、对置、散置、群置等布局手法，结合屋顶花园的使用要求和空间环境的特点进行设计。建造大型假山置石

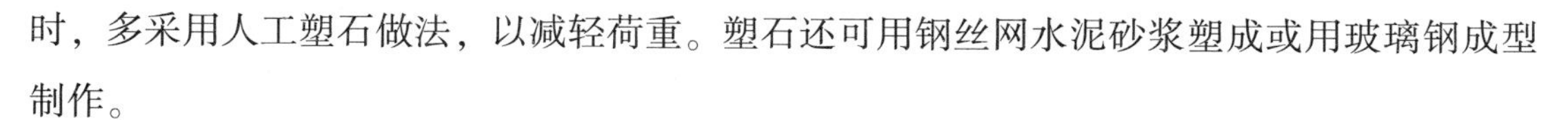

时，多采用人工塑石做法，以减轻荷重。塑石还可用钢丝网水泥砂浆塑成或用玻璃钢成型制作。

（4）园林建筑。为了丰富屋顶花园的园林景观，为游人提供休息和停留场所，可以适当建造亭、廊、花架等园林建筑。园林建筑设计应注意：①体量、尺度要结合屋顶空间和承重综合考虑，以少、小、精、轻为宜；②风格、材料上应尽量与主体建筑协调，也可适当表现地方特色或乡土风格；③可结合攀缘植物绿化，丰富绿化形式和空间层次；④在风大的地区要考虑结构加固、高度适当降低等以增加安全性。

（5）园林小品。园林小品主要包括雕塑、小品、艺术化的服务设施（如：坐椅、垃圾桶、指示牌）、装饰隔断（墙）等。园林小品可以营造屋顶花园的空间氛围和文化特色，使花园精致、生动、富有细节和文化意境。园林小品设计时应注意：①应根据所处花园的平面位置、观赏角度、文化氛围进行设计；②小品的大小、色彩、质感等周围景观协调统一；③尽量将小品放置在建筑的承重结构上，并进行连接处的加固，以保证其安全；④考虑小品设置处的背景、方位、朝向、日照、光影变化和夜间人工光线的照射角度等。

（6）围墙、栏杆设计。在屋顶花园中，围墙、栏杆可以起到保障安全、装饰、空间围合、景观渗透、挡风的作用。围墙、栏杆设计时应注意：①安全性，应严格遵循栏杆设计的相关规范，保障其使用安全性；②风格应结合周围环境、庭院风格、使用者的需求进行设计；③空间围合与景观渗透，考虑花园空间的围合及景观的形成，周围环境差可用围合式（如：围墙、挡板、高绿篱等）进行隔离，保持花园的独立性和私密性；④周边环境优美，则可用通透式（如：玻璃栏板、围栏、水景隔离等），使花园与周边环境融合，但要考虑其安全性；⑤挡风，风较大的屋顶花园，可用多孔板屏风，能有效地阻挡和降低风力。

（四）屋顶花园设计要点

1. 屋顶荷载

屋顶花园设计之前，必须先了解屋顶荷载的大小，荷载是建筑物安全及屋顶花园设计成功与否的关键。荷载包括活荷载和静荷载两部分，静荷载包括屋顶结构自重、防水层、保温隔热层、找平层、排水层、栽培介质层、园林植物、园林建筑、小品等相关设施；活荷载指屋顶花园中人的活动、非固定设施、外加自然力（如风霜雨雪）等因素，一般情况下，屋顶要求能提供350kg/m^{2}以上的外加荷载能力。建筑物的承载能力，受限于屋顶花园下的梁柱板、基础和地基的承重力。屋面荷载的大小直接影响着花园的布局形式、园林设施、介质种类和植物材料的选择等，要根据不同建筑物的承重能力来确定屋顶花园的性质、园林工程做法、材料、体量及其尺度。根据设计荷载的重量，屋顶花园可以分为以下类型：

（1）超轻型。屋顶简单绿化，以草坪及地被植物为主，其土层的厚度一般不超过7cm，屋顶花园的静荷载不低于100kg/m²。以绿化、观赏型为主的花园可以采用该类型。

（2）轻型。常见的屋顶花园类型，其土层厚度一般不超过15cm，植物以草皮、地被、小灌木为主，园林设施有花坛、花盆，屋顶荷载不低于200kg/m²。

（3）中型。屋顶花园的总荷载一般在350~400kg/m²，土层厚度不超过30cm，植物以草坪、地被、树冠矮小的花卉灌木为主/园林设施包括花槽、立体花坛和简易棚架。

（4）重型。设施齐全的屋顶花园，荷载一般在500kg/m²以上，土层厚度30~120cm，植物以草坪、地被、小灌木、藤蔓、小乔木为主，园林设施包括水池、亭子、院墙、棚架等。

随着屋顶花园的设计中，设计师可以通过技术、材料、设计方法等手段来减轻屋顶荷载，如：①采用轻质人工合成基质，减轻种植基质层的重量；②植物材料尽量选用中小型花灌木、浅根植物等，减少种植土厚度；③采用新型轻质材料和做法替代传统材料和做法，如：减轻过滤层、排水层、防水层的重量；④在构筑物、构件方面可以少设园林小品，选用塑料、玻璃钢、铝材、轻型混凝土等轻质材料，或采用中空结构的设计等；⑤合理布置承重，将较重的物件（如：花架、水池、假山等）安排在建筑物主梁、柱、承重墙等主要承重构件上，或者这些承重构件的附近，以提高安全系数。

2. 屋顶防水与排水

屋顶的防水与排水，直接影响屋顶花园的后期使用效果和建筑物的安全。屋顶花园一旦发生渗、漏水，整个屋顶花园都将全部或部分返工、拆除。因此，屋顶花园建造前，良好的防水与排水设计，是屋顶花园的设计关键。

（1）防水。建筑屋顶的防水主要采用以下做法：

第一，柔性卷材防水屋面。用防水卷材与黏结剂结合，形成连续致密的结构层，从而达到防水的目的，如：常用的有三毡四油、二毡三油，再结合聚氯乙烯泥或聚氯乙烯涂料处理，适用于防水等级为Ⅰ~Ⅳ级的屋面防水（防水等级数量越大，防水级别越低）。柔性卷材防水屋面的优点是较能适应温度剧变、振动、不均匀沉陷等变化，整体性好，不易渗漏，应用较为广泛；缺点是施工较为复杂、技术要求较高、植物根系有时可穿透防水卷材。

第二，刚性防水屋面。刚性防水屋面指在屋面板上铺筑 50mm 厚细石混凝土，内放双向钢筋网一层，在混凝土中可适当加入适量的微膨胀剂、减水剂、防水剂等添加剂，以提高其抗裂、抗渗性能。刚性防水层的优点是构造简单、施工容易、造价较低，屋顶坚硬，植物根系不易穿透，整体性好，寿命长，不易开裂，对屋顶起到很好的保护作用；缺点是自重较大（是柔性防水自重的 2~3 倍），对气温变化和屋面基层变形的适应性较差，多用于日温差较小的南方地区，防水等级为Ⅲ级的屋面防水，也可作为防水等级为Ⅰ~Ⅱ级屋面多道设防中的一道防水层。

第三，涂膜防水屋面。用防水材料涂刷在屋面基层上，利用涂料干燥或固化以后的不透水性来达到防水目的。随着材料和施工工艺的不断改进，涂膜防水屋面具有防水、抗渗、黏结力强、耐腐蚀、耐老化、延伸率大、弹性好、无毒和施工方便等诸多优点。主要适用于防水等级为Ⅲ、Ⅳ级的屋面防水，也可用作防水等级为Ⅰ、Ⅱ级的屋面多道设防中的一道防水层。

随着科技的进步，屋面防水新材料、新技术层出不穷，具体设计时可咨询专业防水公司，尽量在不损伤原屋顶防水层的基础上，增强原屋顶和建成后屋顶花园防水层的防水能力和使用寿命。

（2）排水。屋顶花园中，不论是雨水还是其他多余的水，都需要在短时间内排走；否则易造成屋顶积水，增加负荷，形成渗漏和影响植物成活。屋面排水涉及屋顶排水坡、排水沟管和排水层。

第一，屋顶排水坡。屋顶排水坡包括排水坡的数量和排水区划分。屋面宽度小于 12m 时，可采用单坡排水；其宽度大于 12m 时，宜采用双坡排水；坡屋顶应结合建筑造型要求选择单坡、双坡或四坡排水。排水区面积较大的花园，可以将屋面划分成若干个排水区，目的在于合理地布置落水管，每根落水管的屋面最大汇水面积（水平投影）不宜大于 $200m^2$，雨水口的间距在 18~24m，排水坡度 3%~5%。

第二，排水沟管。排水沟管包括檐沟、天沟、雨水口、落水管。檐沟指墙内檐沟或挑檐沟；天沟，在房屋宽度较大时，可在房屋中间设天沟形成内排水。排水沟规格（檐沟或天沟），净宽不小于 200mm，分水线处最小深度大于 120mm，水落差不得超过 200mm，纵坡 1%左右；落水管内径不宜小于 75mm，一般为 100mm、125mm。

第三，排水层。在种植土过滤层与防水层之间设置排水层，有利于种植土通气、排水，有利于植物生长、成活，材料应该具备通气、排水、贮水和质轻的特点，同时骨料间应有较大的空隙，常用的材料有陶料、焦砟、砾石、卵石等，粒径 20~30mm，厚度为 100

~150mm。为加快排水，有时还在排水层中加设排水花管、排水板、或其他排水材料。

3. 后期维护与管理

（1）安全性。屋顶花园交付使用后，日常的安全维护和隐患的及时排除非常的关键。安全性包括结构性安全、设施性安全、空间性安全、植物性安全、道路系统及照明的安全。结构性安全是指建筑物本身和人员的安全，包括结构承重和屋顶防水构造的安全使用；设施性安全是指屋顶四周的防护栏杆、围栏、挡板等设施结构的坚固程度；空间性安全是指是否有过于隐秘的空间，可以提供犯罪的可能；植物性安全是指由植物配置引起的安全隐患，如：有毒有刺植物的应用，植物过高过多过密增加夜晚的恐惧心理；道路系统及照明安全，指道路铺装开裂、路面塌陷、台阶破损等造成行人摔倒，照明设备老化、线路裸露、路灯熄灭等造成安全隐患等。

（2）维护与管理。屋顶花园建成后的养护，主要是指花园各种植物养护管理以及屋顶上的水电设施和屋顶防水、排水等工作。精心的管理是屋顶花园植物正常生长的保证。植物生长完全靠灌溉和人工施肥来满足对水、肥的需要，必须做好定期清洁、疏导工作，保证水分供应，并进行适当的施肥以补充土壤养分。同时，应加强松土、密度调节、支撑、修剪、遮阴、防病虫、牵引、保温等日常管理措施，以保证屋顶花园优美的植物景观效果。

第六章 园林景观设计中的创新技术应用

第一节 GIS 在园林景观设计中的应用

3S 技术是遥感技术（RS）、地理信息系统（GIS）和全球定位系统（GPS）3 种技术的统称。3S 技术的出现与应用，使园林所涉及的专业外延更广、地理范畴更大，分析方法更数据化、科学化、专业化。通过对遥感技术采集的城市绿地覆盖信息等影像数据，全球定位系统的数据收集，可以省去大量繁杂艰辛且准确率不高的野外调查工作。

一、GIS 的优势

地理信息系统，简称 GIS，是用于收集、存储、提取、转换和显示空间数据的计算机工具。简而言之，GIS 是地理空间数据综合处理和分析的技术系统。GIS 的优势主要体现在以下三方面：

首先，GIS 具有较强的实用性和综合性，利用 GIS 技术进行景观规划，有利于将分散的数据和图像数据集成并存储在一起，利用其强大的制作功能与地图显示，将数据信息地理化，从而形成可视化的形态模拟，方便景观设计师规划与设计。

其次，GIS 可以将各种空间数据和相关属性数据通过计算机进行有效链接，提高景观数据质量，大大提高数据访问速度和分析能力。同时，也为长期存储和更新空间数据和相关信息提供有效的工具。

最后，运用 GIS 技术建立不同类型的数据信息库，可以将空间数据和属性数据，原始数据和新数据合理标准化，提供科学依据的同时，有利于大数据的资源共享。

地理信息系统在国内景观规划中的应用，主要体现在微机硬件的发展及其许多附属功能上。各个地区的景观评估程度也可以通过 GIS、RS 和 GPS 收集的各个领域的信息进行提取和分析，GIS 技术系统会自动产生相应的评估结果。该方法可广泛应用于公共绿地、旅游景点等景观规划设计等。

二、GIS 在园林景观设计中的实践

（一）分析场地的地形

GIS 分析中常用的技术是地形分析，包括海拔、坡度坡向、水文等方面分析。同时，对于地形控制基地技术、水系统规划、排水分析、施工条件适宜性分析均具有较强的指导意义。

（二）分析场地的适宜性

这项技术主要是通过使用 GIS，通过对地形、水土、植被、施工等因素进行分析评估，采用地图叠加法对结果进行综合分析。相较于之前的定性分析和简单叠加各种因素的方法更加理性和客观。

（三）分析场地的交通网络

GIS 可通过构建网络数据集，导入现状要素（道路铁路、高架桥梁等）和点状要素（出入口、停靠点、交会点），从而为基地道路交通规划及服务设施规划提供明确的指引。

（四）构建场地的三维景观

GIS 三维景观主要用于三维场景的模拟，也可用于模拟现状和规划地形。通过 ArcGIS 3D 场景模拟功能，可以在数字环境中直观体验地形和场地氛围。

（五）分析场地的视域

景观分析主要用于道路景观知名度和景观节点位置等景观规划。使用 ArcGIS，可以分析景观的可视性，用于景观路线的优化，设计师也可以分析景观范围和景观视觉情况的各种区域。

第二节　VR 技术在园林景观设计中的应用

20 世纪以来，随着网络技术的发展，虚拟现实技术（VR）作为一种新兴的技术逐渐

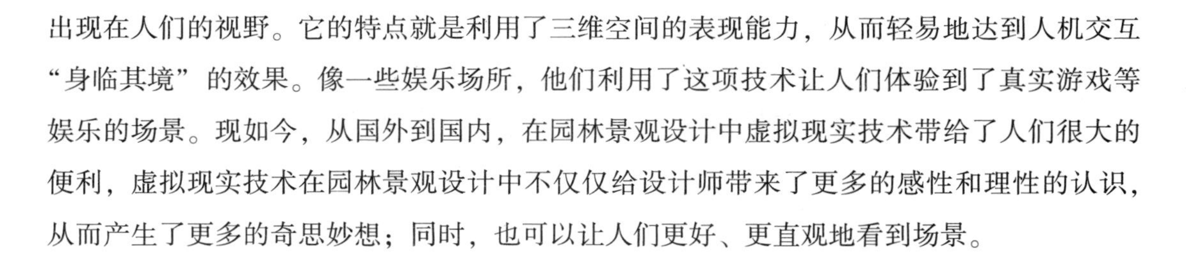

出现在人们的视野。它的特点就是利用了三维空间的表现能力，从而轻易地达到人机交互“身临其境”的效果。像一些娱乐场所，他们利用了这项技术让人们体验到了真实游戏等娱乐的场景。现如今，从国外到国内，在园林景观设计中虚拟现实技术带给了人们很大的便利，虚拟现实技术在园林景观设计中不仅仅给设计师带来了更多的感性和理性的认识，从而产生了更多的奇思妙想；同时，也可以让人们更好、更直观地看到场景。

一、VR 技术的概念与特征

（一）VR 技术的概念

虚拟现实（VR）是一种能力，能让一个（或多个）用户在虚拟环境中执行一系列真实任务。虚拟现实是一个科学技术领域，利用计算机科学和行为界面，在虚拟世界中模拟 3D 实体之间实时交互的行为，让一个或多个用户通过感知运动通道，以一种伪自然的方式沉浸其中。用户通过虚拟环境与系统互动和交互反馈，进行沉浸感模拟。关于这一概念，须补充以下说明：

（1）真实任务。实际上，即使任务是在虚拟环境中执行的，也是真实的。例如，人们可以在模拟器中学习驾驶飞机（如同飞行员所做的一样）。

（2）反馈。反馈指计算机利用数字信号合成的感官信息（如：视觉、听觉、触觉），即对物体的组成和外观、声音或力的强度描述。

（3）互动。互动指用户通过移动、操作，或转移虚拟环境中的对象，对系统行为起到相应的反馈作用。同样，用户须注意虚拟空间传递的视觉、听觉和触觉信息，如果没有互动，则不能称之为虚拟现实体验。

（4）交互反馈。这些合成操作是由相对复杂的软件处理产生，因此需要一定的时间。如果持续时间过长，人们的大脑会感知为一个图片的固定显示，接着是下一个图片，这样会破坏视觉的连续性，进而破坏运动感觉。因此，反馈必须是交互的和难以觉察的，以获得良好的沉浸式体验。

（二）VR 技术的特征

1. 沉浸感

沉浸感是指用户作为主角存在于虚拟环境中的真实程度。理想的虚拟环境应该达到使用户难以分辨真假的程度（如：可视场景应随着视点的变化而变化），甚至超越真实。除了一般计算机所具有的视觉感知外，还有听觉感知、力觉感知、触觉感知、运动感知，甚至包括味觉感知、嗅觉感知等。理想的虚拟现实就是应该具有人所具有的感知功能，导致沉浸感的原因是用户对计算机环境的虚拟物体产生了类似于对现实物体的存在意识或幻觉。

2. 交互性

交互性是指用户使用专门设备对虚拟环境内的物体的可操作程度和从环境得到反馈的自然程度（包括实时性）。例如，用户可以用手直接抓取虚拟环境中的物体，这时手有触摸感，并可以感觉物体的质量，场景中被抓的物体也立刻随着手的移动而移动。虚拟现实是利用计算机生成一种模拟环境（如：飞机驾驶舱、操作现场等），通过多种传感设备使用户“投入”到虚拟环境中，实现用户与虚拟环境直接进行自然交互的技术。

3. 构想力

构想力是指用户沉浸在多维信息空间中，依靠自己的感知和认知能力全方位地获取知识，发挥主观能动性，寻求解答，形成新的概念。虚拟现实不仅仅是一个演示媒体，而且还是一个设计工具，它以视觉形式反映了设计者的思想。举例来说，当在盖一座现代化的大厦之前，首先要做的事是对这座大厦的结构、外形做细致的构思，为了使之定量化，还须设计许多图纸，当然这些图纸只能内行人读懂，虚拟现实就是可以把这种构思变成看得见的虚拟物体和环境，使以往只能借助传统沙盘的设计模式提升到数字化的所看即所得的完美境界，大大提高了设计和规划的质量与效率。

计算机产生一种人为虚拟环境，这种虚拟的环境是通过计算机图形构成的三维数字模型，编制到计算机中去产生逼真的“虚拟环境”，从而使用户在视觉上产生一种沉浸于虚拟环境的感觉，这就是虚拟现实技术的沉浸感或临场参与感。正是由于虚拟现实技术的上述特性，它在许多不同领域的应用，可以大大提高项目规划设计的质量，降低成本与风险，加快项目实施进度，加强各相关部门对于项目的认知、了解和管理，从而为用户带来巨大的经济效益。

二、VR 技术体验

（一）VR 技术的系统架构

一个虚拟现实应用通常是由一组进程组成，进程之间的通信称为进程间通信（IPC）。在解耦仿真模型中，每个进程都持续运行，使用异步消息完成任务。一个中央应用进程负

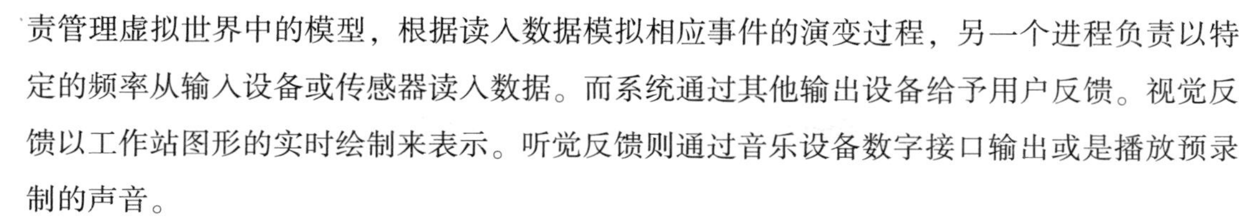

责管理虚拟世界中的模型，根据读入数据模拟相应事件的演变过程，另一个进程负责以特定的频率从输入设备或传感器读入数据。而系统通过其他输出设备给予用户反馈。视觉反馈以工作站图形的实时绘制来表示。听觉反馈则通过音乐设备数字接口输出或是播放预录制的声音。

系统中最复杂的组件就是应用进程。当进程遇到异步事件后，必须连贯一致地将虚拟世界模型从一个状态过渡到另一个状态，并触发适当的视觉和听觉反馈。在交互过程中，用户是信息源，持续不断地通过输入设备传感器操作模型。在传感器和模型之间还可以插入多个中间级，根据互动隐喻传输信息。

1. **动态模型**

为了获得动画或行为互动效果，系统必须对计时器等异步输入设备做出必要的反应和更新。应用可以被看作是一组相关物体组成的网络，每个物体的行为都是对其所依赖物体变化的一种特定反应。

为了实现上述动画或行为效果，必须提供一种维持机制，它能普遍描述物体之间的关联，又能有效地被用在高度交互响应系统中。系统的状态和行为还可以通过以下三种元素表示：

（1）主动变量。主动变量是用来存储系统状态的基本元素。一个主动变量保存系统状态值，并跟踪系统改变状态值。根据需求一个主动变量还可以记录系统状态的历史。主动变量的好处在于能够给依赖于时间的行为约束，或是支持参考系统状态的历史守护进程。

（2）分层约束。为了支持局部传播，约束对象是由声明部分和强制部分组成。声明部分定义了关系的类型、需要维护的关系以及变量集合；强制部分则定义了维护约束所需的一系列可能的方法。

（3）守护进程。守护进程依照次序规则允许或拒绝系统在不同状态之间转换。守护进程和一组主动变量注册在一起，并在这些变量发生变化时被唤醒，它可以创造新对象、输入输出操作、改变主动变量值、改变约束图，以及唤醒或撤销其他守护进程。守护进程是串行执行，对约束图的操作都会增加系统全局时间。

2. **动态交互**

动画和行为交互可以被看作是同一个问题，因为它们都牵涉到动态图形。通过绘制动态变化变量，解析输入数据、动画脚本或是模型变量，完成时变行为。对于交互式应用，这种方法十分关键，因为它定义了用户如何与计算机交流。理想的交互式三维系统应该允许用户像与真实世界打交道那样与虚拟世界交流，使得交互工作更自然且不需要受额外训练。

（1）传感器测量值与行为映射。在大多数典型交互应用中，用户大多数时间在输入信息。他们使用多种输入设备，例如：三维鼠标和数据手套，利用这些设备与虚拟世界交互。利用这些设备，用户必须提供高速复杂的信息流，这些从设备传感器上获取的信息还必须映射为虚拟世界中的行为。大多数情况下，这种映射都是已经编码好的，且与使用设备的物理结构有关（例如：将鼠标按键绑定为不同行为）。这类行为是通过在与传感器相关的主动变量和模型动态变量上直接加约束实现的。模型交互刚开始，输入传感器变量和模型接口上的主动变量被激活。而在交互过程中，约束保持有效，用户可以通过提供的隐喻操作模型。当约束结束时，整个交互也就结束了。

类似这种直接在设备和模型之间建立映射的方法，主要用在用户行为和虚拟世界预想效果是物理相干的情况下。例如：抓住某个物体并拖动它。然而有些情况下用户的行为并不是直接的，而是表达了另一种意思。适应性模式识别可以解决这一问题。通过允许定义更加复杂的传感器测量和虚拟世界行为映射，增强了设备的表达能力。况且，通过例子向用户说明映射的时候，能更符合新用户的喜好，易于接受，便于操作。

（2）手部姿势识别。手部输入是以一个单独的课题被提出和研究的。如今在许多虚拟现实系统中使用各种各样的手势识别。手势识别系统必须根据之前的手势样例对手的运动和位置分类。一旦手势被归类，就可以提取其要表达的信息，执行相应的虚拟世界行为。一个单独的手势以一种自然方式对外表达了分类和参数信息。为了帮助用户理解系统行为，通常在姿势识别之后系统会反馈视觉或听觉信号。

手势的识别主要有两个分支：姿态识别和路径识别。姿态识别用来不断的探测用户手指的状态。一旦识别出一种，只要维持这个姿势，相同的数据会一直持续。之后数据被输入到路径识别子系统去。手势因此会被理解成手的一条路径，尽管在此期间手指并没有动。

可以使用自然物理张力区分基本的手势：用户刚开始处于放松状态，当要开始交互的时候，他会提升自己的注意力并收紧某些部位的肌肉，之后执行交互，继而再回到肌肉放松的状态。在一些识别系统中，交互始于将手定位在某个固定的姿态，手指松开则表示结束。使用这种方式的好处在于姿态是相对静止的，在交互学习的时候可以明确告诉计算机在何种情况下采样，更加稳定。一旦姿态学习完毕，将姿态分类到正确的归类中去，就可用相同的交互方式学习路径。在学习和识别的时候，可以使用多种分类器。例如，在 VB2 系统中，从原始传感数据中抽取特征向量，然后利用多层感知网络函数映射，将这些向量分别归类。

（3）身体姿势识别。大多数姿势识别系统将工作区域限定于特定的身体部位，例如，手、胳臂或是脸部表情。然而将参与者映射到虚拟世界中去并与虚拟人物互动时，最方便也最直观的是使用面向身体的行为识别。

目前，有两种已知的实时捕捉人体姿势数据的技术：第一种是使用摄像设备，录制常规或红外图像。在ALIVE系统中就是使用这种技术捕捉用户图像的，捕捉到的图像可以将参与者映射到虚拟环境中去。如果系统支持无线，还必须克服摄像机的视角限制约束，其性能表现就完全依赖于视觉信息提取模块。第二种技术则依赖附着于用户身上的磁感应器。系统利用传感器测定在某一参考点的磁场强度，跟踪身体各部位的运动。在单一框架系统中，这些传感器只产生原始数据（位置和朝向）等。为了和虚拟人物的躯干关节匹配，必须计算出人体躯干的全局位置和关节处的弯曲角度。结构转换器能够从传感器数据中得到弯曲角度，并推断出连接点的拓扑结构（虚拟人体骨架）。

基于细粒度原型的人体运动分层模型能够同时识别并发性行为。通过分析人体运动，它能检测出三种用于粒度规格运动模型分析的重要特征。首先，一种运动不总是引发全身活动，有时只是身体的某些部位在活动；其次，只要运动的身体部位没有重复，两种不同的运动可能同时发生；最后，通过观察身体部位的方位而不是关节点的运动就能识别人体运动。基于以上三点，可以提出由上到下逐步加精的运动模型。在顶层，模型的粒度较粗，而在底层，模型的粒度较精致。模型层次的多少与使用的特征信息有关。在较低层次，作者使用骨架自由度，这种特征信息通常比较精细（30~100个标准人体模型）；在较高层次，则使用质心或躯体末端（手、脚、头、脊柱顶端）等身体位置信息。

（4）虚拟工具。面向对象的虚拟工具能够实现应用对象的可视化或是信息控制和显示。可视化能在用户操作的同时，给予其视觉语义反馈。用户将模型与工具绑定，之后就能使用该工具操作模型，直到他取消绑定为止。在绑定的时候，工具先判定能否操作该模型，接着识别用于激活绑定约束的主动变量。绑定约束一旦被激活，就可以开始操作模型了。绑定约束通常是双向的，有时候工具还必须反映模型被其他对象修改时的表现信息。取消绑定能够将模型和控制对象分离开来。其效果是撤销绑定约束、抑制工具和模型之间相互依赖的主动变量。一旦模型被取消绑定，工具将无法控制该模型。

（二）VR技术的控制装置

虚拟体验的用户早就发现，虽然视觉效果非常重要，但如果没有匹配的信号输入手段，体验质量会迅速下降。最初，用户完全沉浸在虚拟现实体验的视觉效果中，然而一旦他们试图移动他们的手和脚，发现这些动作没有反映在虚拟世界中，沉浸感就会立即崩溃。

1. 注视控制

注视控制可以用于任何一种 VR 应用程序，是 VR 互动中很常见的手段，尤其是那种让用户多以被动方式互动的应用程序。注视控制技术的应用领域不仅仅是被动式互动。“注视”与其他互动手段（如硬件按钮或控制器）结合，也常常在 VR 环境中用于触发互动。随着眼动跟踪技术越来越流行，注视控制可能会发挥更大的作用。注视控制器对用户注视的方向实施监控，通常内置十字线（或光标）和计时器。要选取某个道具或触发某项操作，用户只须注视一定的秒数。注视控制也可以与其他输入方法结合使用，以实现更深层次的互动。

VR 中的十字线（也叫“瞄准线”）可以是任何形式的图案，用来标示用户的注视对象。在不含眼球追踪功能的头显中，十字线通常就是用户视域的中心。在大多数情况下，十字线就是一个简单的点或十字准星，层级位于所有元素之上，用户无论做什么选择，都很容易看见。在头显中集成更复杂的眼动跟踪技术成为主流之前，这种位于视域中心的十字线给我们带来了一种简单的解决方案。

2. 眼动跟踪

2016 年，一家名为 FOVE 的公司发布了第一款具有内置眼动跟踪功能的 VR 头显。Facebook、苹果和谷歌公司也都为自己的各种 VR 和 AR 硬件设备大肆收购从事眼动跟踪研究的大小创业公司，这充分说明眼动跟踪的确是一个值得关注的领域。眼动跟踪有可能为用户带来更直观的 VR 体验。市售的第一代头显（FOVE 的这一类型除外）大都只能判断用户头部朝哪个方向转，判断不了用户是不是真的朝那个方向看。

大多数头部显示器使用位于用户视野中间的十字准线来告诉用户，它是视线的焦点。然而，在现实世界中，人们的注意力不一定就在他们面前。即使当我们直视眼前的电脑屏幕时，我们的眼睛也经常在屏幕的底部和顶部之间移动，这样我们就可以选择各种菜单。

眼动跟踪的另一个好处是能够给应用程序增加焦点渲染功能。焦点渲染的意思是只有用户直接注视的区域才会进行完整渲染，其他区域在渲染时会降低图像质量。当前的头显自始至终都在完整渲染全部可视区域，因为它们不“知道”用户实际上在盯着什么看。而焦点渲染技术一次只完整渲染一小块区域，这就降低了渲染复杂 VR 环境所需的工作量，从而使低功率计算机或移动设备能够营造复杂的体验效果，使 VR 能够走近更多的人。

3. 手部跟踪

手部跟踪技术的意思是，在无须给双手佩戴额外硬件的情况下，使头显能够捕捉用户的手部动作。运动控制器在VR世界中看到的形象通常是控制器、“魔杖”、虚拟“假”手或类似的造型，而手部跟踪技术可以将手的形象直接带入虚拟空间。在现实世界捏紧手指头，在虚拟世界也会捏紧手指头；在现实世界竖起大拇指，在虚拟世界也会竖起大拇指；在现实世界比出“V”字手势，在虚拟世界也会比出“V”字手势。能够在VR世界看到自己的手（实际上经过了数字处理），甚至连每一根手指的动作都能看清楚，的确是一种颇有些迷幻色彩的体验。那种感觉，就像是我们有了一具新的躯体。我们可能会在VR中一直盯着自己的手看，一会儿张开手掌，一会儿握紧拳头，只是为了观察自己在虚拟世界的手如何做同样的事情。

手部跟踪技术的视觉效果的确惊人，但也有缺点。与运动控制器不同，手部跟踪在虚拟空间中的互动能力在某种程度上是有限的。运动控制器可以实现很多种硬件互动。它的各种硬件（如：按钮、触控板、触发器等）都可以触发虚拟世界中的不同事件，仅凭手部跟踪技术可实现不了这么多功能。利用手部跟踪作为主要互动方法的应用程序可能需要解决多种场景下的输入问题。如果只靠手部来输入，那么工作量会很大。

手部跟踪技术的另一个缺点是，尽管跟踪过程本身令人印象深刻，但它缺乏用户在现实世界互动时所具备的那种触觉反馈。比如，在现实世界拾取一个盒子是有触觉反馈的，而在VR中，仅仅依靠手部跟踪技术是不会有触觉反馈的，这会让许多用户感到不舒适。在不久的将来，在标准的消费级VR体验中，手部跟踪技术可能会继续排在运动控制器之后，让后者继续发挥最重要的作用，然而迟早有一天，手部跟踪技术会在VR世界找到自己的位置。

4. 键盘和鼠标

有些VR头显在互动时使用了非标准的特制键盘和鼠标，但这种方法是有问题的，因为玩家根本无法在装置内部看到键盘。即便是打字最快的人，在看不到键盘的时候，也会束手无策。鼠标同样如此。在标准的2D数字世界中，如台式计算机，鼠标一直都是“浏览周边环境”的标准工具。但在3D世界里，应该用头显的“注视”功能来控制用户的视界。在一些早期的应用中，鼠标和注视控制系统都可以改变用户的视线，这样的设置可能会造成冲突，因为鼠标拖动的视线完全有可能与注视控制系统相反。

尽管有些VR应用程序支持使用键盘和鼠标，但随着一体式输入解决方案成为主流，这两种输入方法都已经过时了。当然，这些新型一体式解决方案也有自己的问题。如果键盘不再作为主输入设备，那么长格式文本就无法输入应用程序。为了解决这个问题，人们又提出了很多不同类型的控制方法。罗技公司研制了一种尚处于概念验证阶段的 VR 配件，能让 HTC Vive 的用户在虚拟世界里看到真实键盘的影像。它将一种跟踪装置连接到键盘上，然后在 VR 空间中建立起键盘的 3D 模型，叠加在真实键盘所处的位置上，这种解决办法很有意思，也确实能够帮助玩家录入文字。

全数字的文字录入办法其实也有，如“敲打式键盘”，作为一种联想输入式键盘，用户可以使用运动控制器作为鼓槌，敲打就是录入。

5. 运动控制器

在 2D 的 PC 游戏时代，运动控制器曾被当成某种噱头，如今已成为 VR 互动的行业标准设备。几乎所有的大型头显厂商都发布了与自家装置兼容的整套运动控制器。

许多高端 VR 控制器甚至具备“6 自由度”移动能力，能带来更深入的沉浸感。“6 自由度”指某个物体在三维空间中随意移动的能力。在 VR 领域，这个术语一般是指前后、上下、左右各个方向的移动能力，而且这个移动能力既包括方向上的（旋转），又包括位置上的（平移）。“6 自由度”使得控制器可以在 VR 空间中对自身在真实空间中的位置和旋转角度实现逼真的跟踪。

不仅仅是高端产品，就连第一代的中端移动型头显同样有自己的运动控制器。当然，与高端系列相比，它们的运动控制器并不算什么，通常就是一些具有不同功能的单个控制器（触摸板、音量控制、后退/主页按钮等）而已。由于控制器在虚拟世界中以某种形式才能看得见，所以用户可以“看到”他的手在现实世界中的动作。与高端产品不同，中端的运动控制器通常只具备“3 自由度”的运动能力（只能追踪他们在虚拟世界中的旋转角度）。

当然，就算这些中端产品的控制器不如高端系列复杂，只能简单地用单手控制，但也可以给用户带来比前面那些办法更好的 VR 体验。能够在虚拟空间中“看到”控制器并能跟踪其在真实空间中的移动轨迹，不仅是让用户在虚拟世界中获得沉浸感的一大步，还是将用户在真实世界的动作导入虚拟空间的一大步。高端的头显配备的无线运动控制器都是一对。虽然不同的运动控制器之间有一些细微的差别，但它们总体上还是有很多相似的特点。

6. 一体式触摸板

一体式触摸板可实现更好的互动效果，触摸板使用户可以根据需要水平或垂直滑动，点取道具、调节音量和退出。如果用户一时找不到设备的运动控制器，触摸板还可以当作

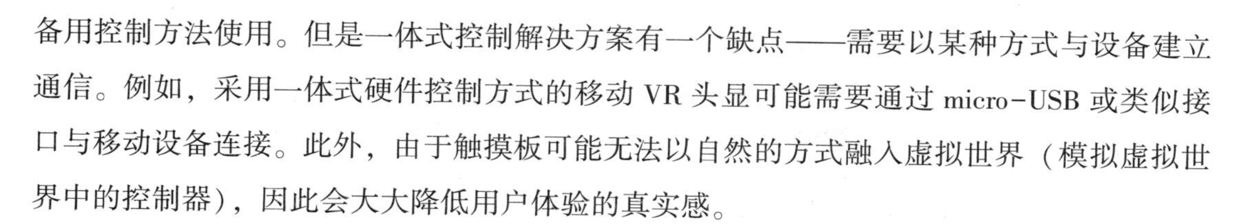

备用控制方法使用。但是一体式控制解决方案有一个缺点——需要以某种方式与设备建立通信。例如，采用一体式硬件控制方式的移动 VR 头显可能需要通过 micro-USB 或类似接口与移动设备连接。此外，由于触摸板可能无法以自然的方式融入虚拟世界（模拟虚拟世界中的控制器），因此会大大降低用户体验的真实感。

（三）VR 技术的体验装置

房间式 VR 允许用户在游戏区域内随意移动，他们在真实空间中的动作会被捕捉并导入数字环境中。要实现这一点，第一代 VR 产品需要配备额外的设备来监控用户在 3D 空间中的动作，如：红外感应器或摄像头。

第一代 VR 产品大都需要外部设备来提供房间式的 VR 体验，但在许多具备内置式外侦型跟踪功能的第二代设备上，这种情况正在迅速发生变化。而另一头的固定式 VR 也恰如其名，在体验过程中，用户要在同一个位置保持的姿势基本不变，无论是坐着还是站着。目前，较高端的 VR 设备（如：Vive、Rift 和 Windows Mixed Reality）已可实现房间式的体验，而基于移动设备的低端产品则不行。

由于用户的动作经捕捉后可以导入身处的数字环境，因此，房间式的 VR 体验比固定式的更加身临其境。如果用户想在虚拟世界中穿过某个房间，只须在真实世界穿过相应的房间即可。如果想在虚拟世界中钻到桌子下面去，也只须在真实世界中蹲下来，然后钻进去。在固定式的 VR 体验中，做同样的动作需要借助操纵杆或类似的硬件才行，这会使用户体验中断，导致沉浸感大大弱化。在真实世界里，我们靠在实际空间中的移动来感受“真实”；而在 VR 世界里，要实现同等程度的“真实”感还有很长的路要走。

1. 触觉反馈

“触觉反馈”能向终端用户提供触觉方面的感受，目前已有多款 VR 控制器内置触觉反馈功能。Xbox One 的控制器、HTC Vive 的摇杆和 Oculus Touch 的控制器都有颤动或振动模式可以选择，为用户提供与故事情节有关的触觉信息。但是这些控制器能提供的反馈相当有限，与手机收到消息提示发出的振动差不多。尽管有一点反馈总比一点反馈都没有要好些，但业界还是需要大幅度提高触觉反馈的水平，在虚拟世界内真正实现对现实世界的模拟。也确实有多家公司正在研究解决 VR 中的触觉问题。

Go Touch VR 公司研发了一种触控系统，可以戴在一根甚至数根手指上，在虚拟世界中模拟出真实的触感。说起来这只不过是一种绑在手指末端并用不同大小的力量按压指尖的装置。但 Go Touch VR 宣称它拥有惊人的逼真度，就像真的拿起某个东西一样。同时，另外一些公司也正在设法解决控制器内的触觉反馈问题。它们研发的 Reactive Grip 控制器，表层内置了一套滑块，据说能够模拟出触碰真实物体时感觉到的摩擦力。在网球击中球拍那一瞬间，你会在手柄上感觉到球拍向下的冲击力；移动重物时，你会感觉到比移动轻的东西更大的阻力；画画时，你会体会到画笔在纸或画布上移动时的拖曳感。Tactical Haptics 声称，与市面上大多数只能实现振动的同类产品比起来，他们的作品可以更精确地模拟上述场景。

在 VR 触觉领域走得更远的是 HaptX 和 bHaptics 等公司，它们研发了全套触觉手套、背心、衣服和外骨骼。bHaptics 目前还在研究无线的 TactSuit（战术套装）。这套装具包含触觉面具、触觉背心和触觉袖子。振动元件由偏心旋转质量振动电机驱动，分布在面部、背心正反面还有袖内。根据 bHaptics 的说法，这套装具可以给用户带来更细腻的沉浸式体验，“感受”爆炸的冲击力、武器的后坐力，还有胸部被击打时的碰撞力。HaptX 也是努力把 VR 触觉反馈做到最极致的公司之一，主要工作是研制各种智能纺织品，能让用户感觉到物体的质地、温度和形状。目前，HaptX 正在做的是一种触觉手套的原型，能够将虚拟世界中的触觉在现实中逼真地反馈出来。市场上的大多数触觉反馈硬件只能够简单地振动，而 HaptX 能做到的远远不止这些。该公司发明了一种纺织品，通过嵌入式微流体空气管道刺激终端用户的皮肤，可以实现力反馈效果。

HaptX 公司声称自家的技术比那些只能振动的设备带来的体验要出色得多。结合 VR 的视觉效果，能让用户体验到更为彻底的真实感。HaptX 公司那种能覆盖全身的触觉反馈技术，才是真正的 VR。

2. 内置式外侦型跟踪技术

目前，只有高端的消费级头显能提供房间式的 VR 体验。这些高端设备通常需要通过线缆与计算机连接，这样当用户在房间范围内移动时，很容易踩到线缆，看起来很笨拙。线缆问题一般包含两个方面：头显内部的显示屏需要接线；跟踪装置在真实空间中的运动轨迹同样需要接线。

厂商们一直致力于解决第一个问题，所以许多第二代 VR 产品已经采用了无线方案。与此同时，包括 DisplayLink 和 TPCast 在内的多家公司也在研究如何用无线方式将视频流传输到头显。

至于跟踪问题，Vive 和 Rift 目前的外置式内侦型跟踪技术（Outside-in Tracking）有很大的局限性，不管是头显还是控制器，都需要通过外部设备来完成跟踪。它们需要在用户的移动范围周围放置其他硬件（Rift 称为“感应器”，Vive 称为“灯塔”）。这些感应

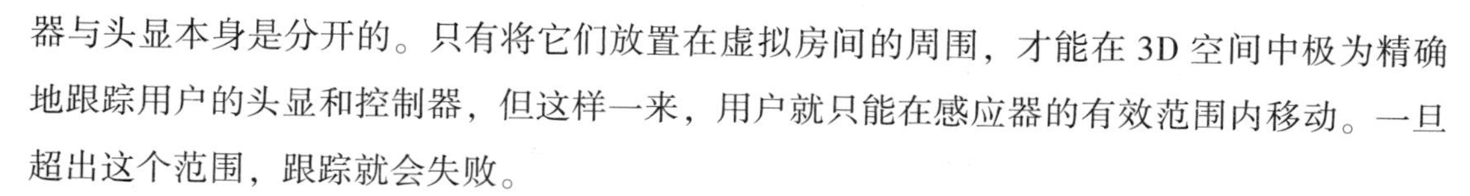

器与头显本身是分开的。只有将它们放置在虚拟房间的周围，才能在3D空间中极为精确地跟踪用户的头显和控制器，但这样一来，用户就只能在感应器的有效范围内移动。一旦超出这个范围，跟踪就会失败。

内置式外侦型跟踪技术始终是虚拟现实世界的神器，无需外部感应器意味着用户的移动范围不再受限于某个小区域。但是，就像任何一种技术选择一样，这需要付出代价。目前，内置式外侦型跟踪技术除了不够精确以外，还有其他一些缺点，例如，控制器如果移动到超出头显控制范围太远的地方就会掉线。当然，厂商们正在集中资源解决这些问题，许多第二代头显已开始使用这种技术来跟踪用户的动作。只不过有了这种技术并不意味着“可玩”区的概念成为历史。对用户而言，还是需要用某种方法来设定自己的活动区。我们要明白这样一件事，取消外置式感应器已经是下一代VR技术的一大飞跃。

在第一代VR头显中，即使是高端产品也大都需要连接计算机或外部感应器，但厂商们正在想方设法解决这些问题。像VOID这样的公司已经有了自己的创新解决方案，从中可以一窥完全独立的VR头显可以带来什么样的体验。这家公司的研究重点是“定位”，按他们自己的说法，他们为用户提供的是“超现实”，意思就是用户能以某种现实世界中的方式与虚拟世界中的事物互动。这种黑科技的关键是VOID公司研发的背包式VR系统。有了背包、头显和虚拟枪，VOID的系统就有能力绘制出相当于整个仓库那么大的真实空间，然后用虚拟要素逐一覆盖。无限可能因此诞生。比如，VOID可以把现实世界普普通通的一扇门绘制成沾满黏液、爬着葡萄藤的虚拟门；一个毫不起眼的灰色盒子也可以变成一盏古老的油灯，照亮玩家在虚拟世界中的道路。

VOID目前这种背包模式在大众消费领域可能不会成功。对广大消费者来说，这东西既麻烦又昂贵，用起来也太复杂了。但是，VOID研发的定位技术效果非常棒，从中我们也可以了解，一旦VR从线缆的束缚中解放出来，能爆发出何等惊人的沉浸体验。Vive和Rift似乎都在准备推出无线头显。另外，HTC Vive Focus（已经在中国发布）和Oculus即将推出的Santa Cruz，其开发人员套件都采用了内置式外侦型跟踪技术。

3. **音频**

为了尽可能完美地模拟现实，只考虑视觉和触觉是不够的。嗅觉和味觉的模拟的普及（也许真的很幸运）离大规模消费者恐怕还早得很，但3D音频已经面世了。听觉对于创造逼真的体验极为重要。如果音视频协调得好，则能为用户带来存在感和空间感，有助于建立“就在现场”的感觉。在整个VR体验过程中，能让人判断方位的音视频信号对用户至关重要。

人类的听觉本身就是三维的，我们能辨别3D空间中声音的方向，能判断自己距离声源大概有多远，等等。模拟出这样的效果对用户来说很重要，要让用户感觉就像在现实世界中听声音一样。3D音频的模拟已经存在相当一段时间了，而且实用性没有任何问题。随着VR的兴起，3D音频技术找到了可以推动自己（也推动VR）进一步发展的新战场。

目前的大多数头显（即使是Google Cardboard这样的低端设备）也都支持空间音频(译注：Spatial Audio指全方位的声音信息)。人类的耳朵位于头部相对的两侧，空间音频很清楚这一点，也因此对声音做出了恰当的调整。来自右侧的声音将延迟到达用户的左耳(因为声波传播到远端那只耳朵所花的时间要稍微多一点)。在空间音频发明之前，应用程序只能简单地在左扬声器播放左侧的声音，右边亦然，两者之间交叉淡入淡出。

标准的立体声录音有两个不同的音频信号通道，用两台间隔开的麦克风录制。这种录制方法制造出的空间感很松散，声音会在两个声道之间滑动。“双声道”录音技术，指使用能模拟人类头部形状的特制麦克风创建的两个声道的录音。这种技术可以通过耳机实现极为逼真的回放效果。利用双声道录音技术来制作VR中的现场音频，可以为终端用户带来非常真实的体验。对于大多数VR头显而言，配备耳机是很正常的事，虽然这并不意味着没有它就卖不出去，但在评价一副VR头显的好坏时，买家肯定会把有没有耳机考虑进去。

（四）VR技术的环境创建

虚拟环境是连续体的一个极端，另一个极端是我们生活的现实世界。AR应用靠近真实环境，将虚拟信息插入到真实环境中。对于增强虚拟（AV），主要环境是虚拟环境，例如，其中一个元素是真实对象的3D场景如虚拟博物馆中的绘画照片，结合两种环境的所有应用程序创建“混合现实”（RM）。

1. 获取与恢复设备

AR主要用于可见光域，光波长度为380~780nm，因此，大多数采集和渲染工具在该领域中起作用。AR应用的普及本质上是工具的普及，重要的是相机和可视化设备（屏幕、虚拟耳机、投影仪），所有这些都在一个便携式外围设备中。

为了与环境相互作用，我们需要获取并考虑更多的数据而不仅仅是摄像机获取的图像，如：周围的几何形状是什么？这里的光源是什么？反射和折射的特性是什么？对象和用户的动作是什么？将用户置于空间中是AR的关键点之一，它适用于真实和虚拟数据共同定位的假设；也就是说，它们似乎是同一个世界的一部分，特别关注定位问题。为了捕

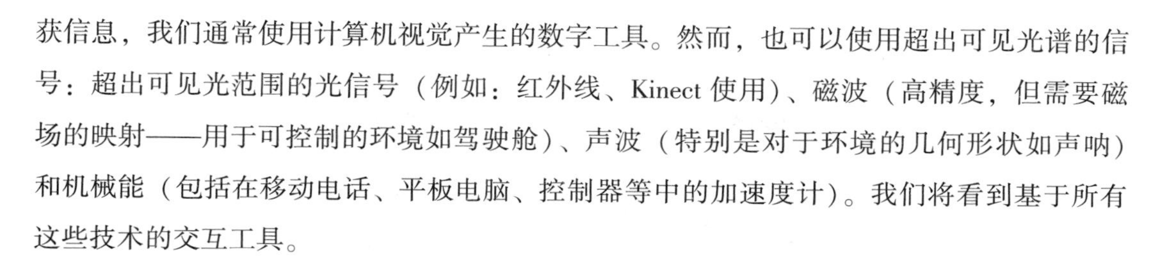

获信息，我们通常使用计算机视觉产生的数字工具。然而，也可以使用超出可见光谱的信号：超出可见光范围的光信号（例如：红外线、Kinect 使用）、磁波（高精度，但需要磁场的映射——用于可控制的环境如驾驶舱）、声波（特别是对于环境的几何形状如声呐）和机械能（包括在移动电话、平板电脑、控制器等中的加速度计）。我们将看到基于所有这些技术的交互工具。

2. 姿势计算

虚拟元素的渲染需要从用户的角度了解这些元素的属性。然而，这种属性主要是针对固定点定义的。然后，我们估计用户关于该相同固定点的观点。然后将变换 B 和 C 连接，并在此到达转换 A 即可。能通过估计 3D 中的位置和方向来形式化的统称为“姿势”。一般来说，必须估计六个参数：三个用于位置，三个用于方向。有时会设定一些简化的假设：许多智能手机应用程序不计算智能手机的高度而使用合理的值。

用户移动的空间会引起几个问题。例如：GPS 仅可在室外使用，并且仅提供几十米的精度。标记（将在稍后进行更详细的讨论）必须在相同的图像上显示，这限制了设想的工作空间。在工作空间大的情况下，我们必须考虑使用多种形式。

（1）基于传感器的定位（相机外部）。沿三个垂直取向的电磁铁三联体可以通过测量由其他方面施加的磁场来确定其位置和空间方向。然而，该解决方案对金属物体的存在非常敏感，它们会破坏磁场，使用超声波发射器和捕获器的系统可能会非常精确，但它们很昂贵并且需要大型基础设施。

智能手机现在配备了 GPS 功能可以让它们自己定位，并使用加速度计和罗盘来测量它们的方向。例如，非常成功的游戏 Pokemon-GO 使用这种技术来提供 AR 可视化，然而这种方法不具备高精度：GPS 最多可以提供几米的精度，而罗盘可以提供几十度的精度。此外，GPS 无法在室内访问且其更新频率较低。

（2）基于标记的定位。一个吸引人的方法是从用户的角度捕获图像。事实上，这种方法对 AR 来说非常自然，相机的定位是计算机视觉研究的重要领域。使用图像内容进行姿势计算的简单解决方案是添加标记。这些标记被设计成易于通过自动图像分析方法检测和识别，因此，它可以实现相机的姿势计算。

（3）基于图像的定位。基于图像的方法可以使用图像本身计算相机的姿势，而无须操纵场景。如果已知场景中几个点的空间位置以及在图像中的新投影，则可以将相机定位在与这些点相同的参考中，虽然问题的几何形状现在已得到很好的控制，但主要的困难是自动解释图像以找到图像中的已知元素。不熟悉计算机视觉的人经常低估这种困难：虽然我们看到的图像似乎很容易解释，但我们的视觉皮层调动了数亿个神经元，这种分析是以一种基本无意识的方式进行的，所以它明显易于解释，但非常复杂，目前仍然没有得到很好的理解。

定位方法不是使用无法感知颜色的传统相机，而是使用能够感知深度信息的相机。与微软游戏机一起发布的 Kinect 摄像机就是最著名的例子之一。存在不同的技术：一些相机使用“结构光”，包括以红外线投射已知图案，这使得可靠的立体重建成为可能，其他则使用激光束的“飞行时间”。相机给出的深度图对定位有很大帮助，它们可以通过不同的方法使用，但这些摄像机也有很大的局限性：它们是有源传感器，只能在空间有限的室内媒体中发挥作用；金属环境导致不精确；它们还消耗更多能量并迅速耗尽移动设备的电量。

3. 逼真的渲染

在 AR 中，渲染虚拟对象也是很重要的，某些应用需要逼真的渲染。几何图形和光线必须只作用于虚拟对象上，它们与具有相同几何形状的真实对象类似，并且由相同的材料组成。

（1）真实对象必须遮挡位于它们后面的虚拟对象的部分，这需要非常精确地计量这些真实物体的几何形状和视角。

（2）虚拟物体必须看起来是被真实光源照亮，这需要知道这些光源的属性，例如，它们的空间位置、几何形状或功率。

（3）虚拟对象必须在真实场景上投射阴影，除了真正的光源之外，还需要有关真实场景的几何信息。

必须模拟真实和虚拟部分之间的轻微交换，这可能变得非常复杂。例如，虚拟对象必须将落在其上的真实光漫射到真实物体上，从而改变它们的外观。

在真实对象对虚拟对象进行掩蔽的渲染中，几个像素的误差很容易被察觉。因此，真实图像和虚拟图像之间的边界位于真实物体的轮廓上，而这个轮廓很难根据需要精确地识别，无论是根据计算机视觉还是深度传感器。最后，我们不能忘记在没有任何额外特殊光线的情况下观察真实物体，而虚拟物体通常在屏幕的帮助下被感知，或者至少是在引入光源的设备中被感知，如果不使用补偿机制，它们自然会比真正的对应物更亮。

三、VR 技术在园林景观设计中的实践

利用虚拟现实技术，可以 360°地分析园林景观场景是否合理、满意。这便于人们在这

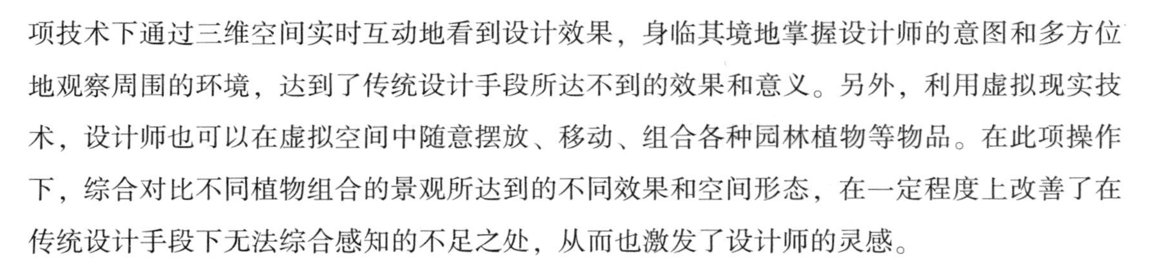

项技术下通过三维空间实时互动地看到设计效果，身临其境地掌握设计师的意图和多方位地观察周围的环境，达到了传统设计手段所达不到的效果和意义。另外，利用虚拟现实技术，设计师也可以在虚拟空间中随意摆放、移动、组合各种园林植物等物品。在此项操作下，综合对比不同植物组合的景观所达到的不同效果和空间形态，在一定程度上改善了在传统设计手段下无法综合感知的不足之处，从而也激发了设计师的灵感。

在虚拟现实技术中的虚拟空间中，可以看到和现实中的场景，可以看到湖中道路设计、喷泉设计等是否合理、是否美观。在虚拟环境中，不仅要考虑人们的要求，还要考虑场地的功能性需要，同时达到与周边环境的相互协调，所以在此项技术设计过程也是一系列的创新过程。虚拟现实技术应用在园林景观设计中，可减轻设计人员的工作量、缩短设计周期、提高设计准确性；同时也可以根据不同的材料所达到的效果选出性价比高的材料。

和传统技术相比，虚拟现实技术通过三维空间在各方面突破了我们以往的缺陷，从整体上模拟景观设计的效果。当代社会下，虚拟现实技术在园林景观设计中有很大的优势，相信虚拟现实技术在园林景观设计方面也一定能够突破更多的可能性，假以时日的创新与发展，一定可以整体带动园林景观设计理论、设计方法和设计技术达到更上一层楼的效果。

第三节　AR 技术在园林景观设计中的应用

随着互联网的普及和电子信息化时代的到来，虚拟技术已经应用到各行各业，但是，随着虚拟技术的不断发展，其弊端也逐渐被人们所发现。人们应用这项技术的目的只是为了满足自身需求，想对真实环境有一个更为细致和全面的观察，避免因一些客观因素导致对环境的观察有所缺漏，而并非想利用虚拟环境来代替真实的环境场所，但是由于一些技术上的问题，如设备的运行速度以及建模的质量等，非但不能还原现实场景，还会使图像失真，造成信息损失，导致用户的体验并不理想，限制了用户对环境的观察与认知。因此，为了改善这一问题，人们又发明了一项新的技术——增强现实技术（AR）。作为虚拟技术的一种，增强现实技术将计算机技术与现实情境相结合，生成十分逼真的三维虚拟环境，使用户可以通过各种传感设备进行体验。现如今，这项技术已经被应用于科技、娱乐、医疗以及军事等行业，具有很好的发展前景。

增强现实技术，利用计算机设备生成的虚拟场景或其他信息的提示，将它们与现实场景进行叠加，从而增强场景的现实感，提升用户的使用体验。也是由于这一独特的优点，使其在科研领域中具有较高的研究价值，国外有很多高校和科研机构都在这一领域展开了相应的研究和探索，研究成果也是较为可喜的。现如今，增强现实技术已经同园林景观设计相结合，与传统的准三维设计图，也就是通过平面效果图以及模型和三维动画来展示环境的方式表现不同，设计者通过这项技术，利用多种传感器为用户带来视觉上的直观感受，帮助用户更好地了解和观察所设计的环境。不过，对于这项技术的研究，在国内还处于初始阶段，并未有较大的研究投入，主要的应用也是为用户提供浏览功能，目前人们更希望科研人员及设计者能够在交互体验这一方面进行研发，以增强用户的视觉体验。

下面将围绕计算机增强现实技术与园林景观设计相结合这一主题，从增强现实技术的发展及特点、增强现实技术与园林景观相结合的应用实例以及发展前景这些方面进行一定的分析和探究，以期能够为国内这项技术的发展做出一定的贡献。

一、AR 技术的原理

增强现实技术是虚拟技术的一种，算是在其基础上发展的一个新型技术，传统意义上的虚拟技术并不能将显示与虚拟进行交互叠加，而增强现实技术则可以。其工作原理大致可分为这几个步骤：首先通过实时追踪摄像机和传感器进行场景的定位和传输，再通过计算机识别图像，进行三维跟踪注册，合成虚拟模型进行渲染，最后将生成的画面传输到显示界面，完成增强实现的全过程。

二、AR 技术的特点

（一）虚实结合性

增强现实技术可以将真实环境进行虚拟渲染后传输到显示屏上，实现虚拟环境与真实场所的叠加，用户可通过眼睛凝视或者用手指点击的方式对设备进行调控，使三维图像以全景的方式呈现在用户面前，并根据用户的指示进行场景的及时准确的切换，同时，还可以在三维虚拟情景中插入地图导航等提示，以便帮助用户观察环境，引导用户行为等。

（二）与人类之间的交互性

增强现实技术可以将整个环境都进行精准的定位，将正在简简单单地浏览和发出指令

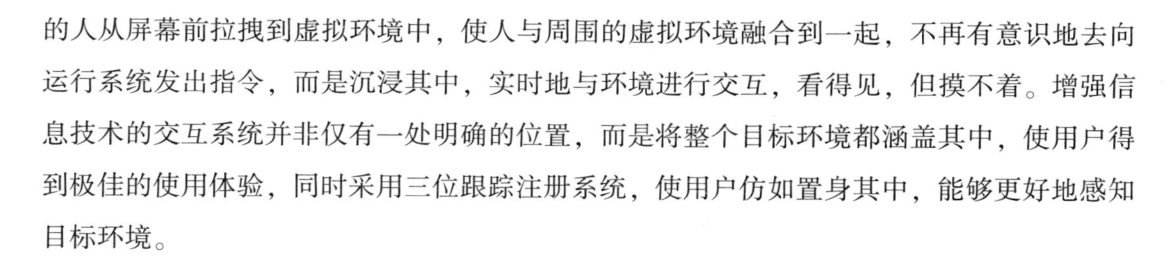

的人从屏幕前拉拽到虚拟环境中，使人与周围的虚拟环境融合到一起，不再有意识地去向运行系统发出指令，而是沉浸其中，实时地与环境进行交互，看得见，但摸不着。增强信息技术的交互系统并非仅有一处明确的位置，而是将整个目标环境都涵盖其中，使用户得到极佳的使用体验，同时采用三位跟踪注册系统，使用户仿如置身其中，能够更好地感知目标环境。

（三）可添加定位虚拟物体

增强现实技术可以添加定位虚拟物体，以便更改和修饰环境的设计，为用户提供更为便捷舒适的服务。

三、AR 技术在园林景观设计中的实践

（一）辅助设计

增强现实技术可以应用在园林景观的设计中。它是对真实场景的一种加强技术，给用户带来的强烈的真实感受，且在建模过程中，能够减少一定的工作量。应用于园林景观的设计中，可以将真实的植被和建筑物应用其中，将设计效果直观地展现在众人面前，将真实世界与虚拟世界交叠在一起，互为补充。同时，还能通过增强现实技术及时发现设计中出现的问题，防患于未然。对于复杂的建筑设计，增强现实技术的辅助设计作用可以帮设计团队保质保量地、快速地完成任务，极大地降低了工作难度，减轻了设计师的负担。

增强现实技术具有辅助设计的作用，由 UAP 设计的一款顶棚装置，在设计过程中就采用了增强现实技术。由于这款顶棚装置结构十分复杂，对材质也有着特殊的要求，为了便于观察和分析其构造，在设计初期，UAP 团队首先将计算机生成的模型导入增强现实技术系统，利用其三维跟踪标注功能，利用 CAD 制图软件绘出顶棚装置的 CAD 三维立体模型图，并根据该图制出实物投影，进而通过一系列的操作完成了顶棚装置的设计。采用增强现实技术后，不仅快速完成了设计，效果及质量也都得到了保障。

（二）丰富文化体验

作为一种文化载体，园林承担着复兴和传承文化的作用，设计师需要妥善利用增强现实技术，将园林的文化载体这一优势发扬光大，让参观者享受到园林的文化内涵。同时，增强现实技术还可以将不同的文化和风景“移”到别处，不仅可以传播我们的文化，也可

以领略不同的风土人情，增长阅历和见识，同时，也极大地降低了时间与空间带来的限制。

在2019年的北京国际设计周中，有一件设计品便采用了增强现实技术，这件设计品叫作“墨城视觉展馆”。这件设计品利用增强现实技术的交互特点，采用三维跟踪标注技术，将墨西哥城真实景物的视频音频上传到计算机设备中，进行识别，再将其与实际场景进行叠加，增强用户的体验感，使参观者如亲身置于墨西哥城中，体验当地的风土人情并沉浸其中。增强现实技术使这个设计品不仅是一处景观，更是将其化为一件文化的载体和传播者，丰富了参观者的文化体验。

（三）修复破损的历史文物

历史文物，作为历史留于人类的遗产，有着极高的历史价值，一旦损毁，必然要进行修复。但类似于圆明园这类历史遗迹、文化瑰宝，由于损毁严重而导致的无法修复，对人类来说，无疑是一笔巨大的损失。所幸，随着增强现实技术的出现，不仅可以将损毁的物品以虚拟的方式重现于人间，并进行一定程度的弥补和挽救，还为推动文化和科技的发展做出了重要的贡献。设计师可以预先在电脑中绘制历史文物的补全图，再对实际场景做出一定的修复，将虚拟世界和真实世界两者结合起来，完成历史遗迹的修复。

作为世界闻名的历史遗迹，圆明园由于损毁严重，至今仅有几根石柱屹立着，修复难度很大，至今也没能进行修复。后在有关部门的支持下，北京理工大学的信息科学技术学院就对损毁的圆明园展开了增强信息技术的修复这一任务展开了相关研究，并在研究过程中，对西洋楼大水法景区进行了虚拟修复，并设计了真实、虚拟和增强这三种模式，完成了虚拟与现实的结合，再现了圆明园当初的盛景。

随着时代的发展和科学技术的不断进步，5G的普及，意味着数字化、信息化也要全面覆盖人民的生活，这对虚拟技术和增强现实技术的发展提供了重要的物质基础，在这两项技术发展的过程中，起着重要的推动作用。我相信，虚拟技术与增强现实技术将会在人类的生活中有着极大的占比，在军事还有娱乐等各个行业中，都将全面普及。在未来的园林设计中，不仅可以帮助人类设计具有复杂结构的建筑，还会对文物的修复、文化历史的发展与推动都起到重要作用。同时，增强现实技术也可以极大地减低由人口增长和环境污染带来的压力，满足人们对拓展空间的需求，避免资源的浪费，让我们足不出户便可享受大自然的宁静与美好，那时，时间与空间也都不再会产生距离。

参考文献

[1]蔡惠影,李鹏宇,毕士文.数字化技术影响下的园林景观设计探究[J].现代园艺,2017(01):79-81.

[2]曹杰.基于GIS技术的无锡近代园林空间信息数据库设计与实现[D].无锡:江南大学,2018:52-77+102-115.

[3]曹有新.园林景观设计数字化技术的应用[J].福建建筑,2001(04):27.

[4]陈阳.景观园林施工设计及施工养护技术要点探讨[J].大众标准化,2022(8):160-162.

[5]董茹浩,张帆.城市道路绿地色彩的影响要素研究[J].设计,2021,34(6):127-129.

[6]高成广,谷永丽.风景园林规划设计[M].北京:化学工业出版社,2015.

[7]高娣,王龙意.数字化技术在园林景观设计中的表达与应用[J].北京规划建设,2022(04):113-116.

[8]侯永明.城市道路绿地设计浅析[J].现代园艺,2020,43(9):177-178.

[9]胡兆忠,薛晓飞,黄晓,等.无锡近代园林景观评价[J].中国园林,2017,33(10):57-62.

[10]黄恒毅.上海五星级商务酒店入口景观评价研究[D].上海:上海交通大学,2016:6.

[11]黄敏.市政园林景观工程建筑施工标准化研究[J].中国房地产业,2019(6):222.

[12]黎志霖.城市道路绿地景观改造策略探究[J].花卉,2022(12):55-57.

[13]李萍.植物景观设计在风景园林中的应用探究[J].新农业,2022(14):50-51.

[14]李艳侠,于雷,陈雅君,等.居住区景观设计分析[J].安徽农业科学,2015(25):174-176,188.

[15]李阳杨,魏雨晴,魏松杉,等.屋顶花园生态景观优化——以扬州市为例[J].现代园艺,2022,45(21):85-86+89.

[16]李屹楠,聂娟娟,朱彦.园林景观标准化施工及安全管理应用探究——以合肥市南二环路罍街公园为例[J].广东蚕业,2020,54(03):45.

[17]林贤娇.城市道路绿地养护技术分析[J].现代园艺,2020,43(22):158-159.

[18]刘轲.地域特色在城市广场设计中的体现[J].建筑经济,2021,42(03):135-136.

[19]刘宁,吴左宾.城市道路绿地设计[J].西安建筑科技大学学报(自然科学版),2000,32(3):252-255.

[20]马士龙.华南地区城市住区园林景观标准化设计研究[D].广州:华南农业大学,2017:37-64.

[21]孟瑾,陈良.城市广场景观设计的创作实践[J].安徽农业科学,2010,38(13):7072-7074.

[22] 潘彦颖，王岚琪. 数字化技术在园林景观设计中的运用 [J]. 现代园艺，2021，44 (02)：80-81.

[23] 彭俊. 将数字化技术应用于园林景观设计 [J]. 中国校外教育，2014 (36)：129.

[24] 彭兆锋. 海绵城市视角下的道路绿地景观设计 [J]. 工程技术研究，2021，6 (3)：236-237.

[25] 秦然. 风景园林的数字化研究 [D]. 武汉：武汉大学，2005：9-12.

[26] 荣斌. 城市道路绿地设计 [J]. 科技与创新，2015 (22)：120-121.

[27] 沈辰. 有机改良材料对道路绿地土壤肥力的影响 [J]. 浙江农业科学，2022，63 (4)：756-761.

[28] 王芳. 园林景观节点设计研究 [J]. 华侨大学学报 (哲学社会科学版)，2008 (4)：37-45.

[29] 王海超，胡鹏飞，樊金萍. 屋顶花园的设计与营造 [J]. 安徽农业科学，2012 (6)：3427-3429.

[30] 王浩，谷康，赵岩，等. 道路绿地与环境因子 [J]. 南京林业大学学报，1999，23 (6)：77-81.

[31] 王红英，孙欣欣，丁晗. 园林景观设计 [M]. 北京：中国轻工业出版社，2021.

[32] 吴雨馨，龚雯，黄靖文，等. 园林景观设计数字化技术的应用研究 [J]. 数码世界，2018 (08)：159.

[33] 辛峰. 虚拟现实技术在园林景观设计中的运用 [J]. 环境工程，2021，39 (09)：268.

[34] 邢岩. 园林景观设计过程中数字化技术的应用 [J]. 花卉，2020 (12)：149-150.

[35] 熊文豪. 城市居住区中人性化园林景观设计原则及策略 [J]. 美与时代 (城市版)，2021 (02)：52-53.

［36］徐亚明. 现代居住区景观设计［J］. 安徽农业科学，2018，46（13）：122-124.
［37］杨召. 城市道路绿地养护技术［J］. 乡村科技，2021，12（5）：107-108.
［38］叶德敏. 园林景观生态设计理论探讨［J］. 西北林学院学报，2005，20（4）：170-173.
［39］张超君. 基于智慧园林思考的数字化景观设计研究［D］. 昆明：昆明理工大学，2021：2.
［40］张放. 数字化技术对园林景观艺术设计转型的导向价值［J］. 环境工程，2022，40（02）：298.
［41］张凯旋. 我国风景园林标准体系研究［D］. 上海：上海交通大学，2007：8-9.
［42］张天颖，李彤彤，吴晗. GIS 辅助下的园林景观规划与应用［J］. 现代园艺，2018（14）：94.
［43］赵晓静. 计算机增强现实（AR）技术在园林景观设计中的应用［J］. 电子技术与软件工程，2021（01）：146-147.
［44］朱永杰. 数字化技术影响下的园林景观设计初探［J］. 居业，2018（03）：59-60.